POLLUTION

TOM CONNAN

POLLUTION

roman

ALBIN MICHEL

ACTE I

Le départ

J'avais envie d'air pur. Habiter en ville n'était pas un plaisir pour moi et le traumatisme du Covid eut pour effet d'enfoncer le clou. Je ne voyais plus rien de bon dans les rues de Paris et de toutes ces grandes métropoles qui, après avoir perdu leurs emplois et leur dynamisme, étaient en train d'euthanasier la douceur de vivre.

Mon boss m'avait mis en chômage partiel et était sur le point de mettre la clé sous la porte, alors il ne s'était pas véritablement ému lorsqu'il avait appris que je partais faire du woofing dans la pointe du Cotentin. Il n'avait même pas répondu à mon mail. C'est jamais très personnel, un mail, on ne se sent pas obligé d'en faire quelque chose.

J'ignorais assez largement ce que me réservait cette expérience dans une « ferme bio » dans la mesure où l'annonce se contentait d'évoquer la « fraîcheur normande » et « le retour aux sources » qui, comme chacun sait, excite tant les Parisiens. Je rentrais parfaitement dans la case : la capitale me sortait par les yeux, ses habitants encore plus, et les présentatrices météo me donnaient toujours l'impression de parler d'un coin exotique, lorsqu'elles prononçaient ce mot : « Cotentin ».

C'était pour ça, au fond, que je m'infligeais près de quatre heures de train dans l'une des pires rames que la moyenâgeuse SNCF osait encore faire circuler : j'étais en quête de vérité. Pas au sens d'une recherche spirituelle, plutôt dans un souci new age d'alignement de mes chakras, pour donner un peu de chair à mes onéreux cours de yoga que je prenais avec ma copine Agathe, dans un local près de la place de Clichy. Car ça coûtait cher, d'être écolomaniaque. Rien qu'en suivant les guides de survivalisme pour les nuls, j'avais déjà vidé tout mon livret A. Mais bon, j'étais paré en cas d'attaque chimique ou de tsunami sur la Seine ; j'avais les couteaux idoines, les boussoles et les matelas isothermes. Je ne laissais rien au hasard. Et la sensation était des plus agréables.

Alex, mon hôte, m'avait confirmé qu'il viendrait me chercher à la gare de Cherbourg, en même temps que l'autre personne qui venait woofer avec moi durant tout le mois de juillet. Le programme s'était décidé rapidement, selon de hauts standards de fluidité que la plateforme top-technologie avait implémentés dans toutes les langues. Qu'on soit français, australien ou vietnamien, il était possible en quelques clics de se retrouver propulsé à l'autre bout du monde – ou juste du pays – pour aller vivre « une expérience nouvelle » susceptible de nous « enrichir » et de nous « ouvrir aux autres ». Moi qui n'en pouvais plus de ma vie d'urbain, je n'attendais que ça, j'avais hâte de pouvoir mettre en pratique les manuels de Pierre Rabhi et de Frédéric Lenoir sur l'écologie et le bien-être environnemental. J'étais même secrètement à deux doigts de vendre l'horrible cage à lapin qui me servait d'appartement et que j'avais achetée quelques années auparavant, du côté de la porte de la Chapelle. Aucune personne saine d'esprit n'aurait voulu faire sa vie dans un pareil cloaque. La campagne me paraissait constituer une voie de sortie plus que convenable pour l'abonné à Pôle emploi que j'étais en passe de devenir.

Je n'avais pas eu beaucoup d'informations sur la woofeuse qui allait partager l'aventure avec moi ; il y avait apparemment eu un désistement à la suite d'une opaque affaire d'internement psychiatrique, et la plateforme nous avait attribué quelqu'un d'autre. Je savais seulement qu'il s'agissait d'une femme assez jeune qui travaillait dans une galerie d'art, ou un truc dans le genre. J'étais heureux qu'il y ait une nana dans le lot, et le chiffre trois avait tendance à m'inspirer, sans que je sache l'expliquer. Je prêtais beaucoup d'attention aux symboles et à la numérologie, depuis que j'avais entamé ma révolution climatolâtre ; j'essayais toujours de voir la réalité qui se cachait derrière les phénomènes matériels, comme pour en retirer le voile trompeur. Il n'y avait souvent rien à découvrir, mais c'était bien plus plaisant de voir le monde à travers des représentations qu'en accès direct. Il n'y avait à mes yeux rien de plus sordide que le réel.

Les gens s'étaient tous écrasé leur masque sur la gueule et suaient comme des bœufs dans l'Intercités vétuste. On ressemblait à une cohorte de dentistes en route vers un séminaire, mais sans le confort et la tune qui vont avec. La France était entrée dans la plus grande récession de son histoire et on se demandait combien de temps elle pourrait encore rembourser les médicaments. Alors personne ne s'inquiétait lorsque le train s'arrêtait toutes les vingt minutes en raison de l'état des voies dont on ne pouvait plus assurer l'entretien. On était devenu un pays en développement, après avoir été vaguement développé, sous de Gaulle, paraît-il. La sensation s'avérait étrange, empreinte de honte et de dégoût.

Dans ce merdier, l'écologie n'était pas tout à fait une attitude vis-à-vis du changement climatique, c'était d'abord une idéologie qui nous permettait d'éviter le suicide collectif – ou du moins, de le reporter. En vérité, un grand nombre de gens ne parvenaient même plus à manger à leur faim.

En regardant ces têtes déprimées, je jubilais. J'avais l'impression d'avoir trouvé un remède, un vaccin contre la sinistrose qui avait progressivement colonisé l'esprit de la plupart de mes potes. Depuis que certains avaient été licenciés, ou que leur secteur d'activité avait été carrément pulvérisé par le triomphe de l'automatisation, ils s'étaient parfois mis à boire, ou à se droguer, bien au-delà du raisonnable. Il n'y avait objectivement pas d'espoir dans ce monde post-industriel qui était en train de se faire intégralement avaler par l'intelligence artificielle et toutes les trouvailles de la Silicon Valley. Alors ils se bourraient de réseaux sociaux, de Tinder et de Netflix, jusqu'à ce que mort s'ensuive. Ils tenaient le bon bout.

J'avais bien essayé de convertir mes plus proches amis aux vertus de la pensée verte, à coups de reportages sur la fonte des glaces et de documentaires sur la maltraitance animale, mais ça ne marchait pas. Il y avait comme quelque chose de fake dans ce que je leur racontais, alors même que je mettais toutes mes tripes pour tenter de les convaincre. Je ne sais pas ; ils n'adhéraient pas. Sans doute parce qu'on avait tous trop vécu dans le monde d'avant pour pouvoir accepter d'en changer, comme ça, d'un coup. L'homme déteste être brutalisé.

C'est à la suite d'une vidéo de l'association L214, qui militait contre la souffrance animale, que j'avais été alpagué. L'algorithme de YouTube m'avait ensuite suggéré d'autres contenus dans la même veine et, de proche en proche, j'étais devenu un ayatollah de la cause environnementale et de ses principales figures : Greta Thunberg, Leonardo DiCaprio, et même Marion Cotillard qui avait l'air aussi à l'aise sur les plateaux de tournage que dans les enceintes des organisations internationales. Je n'étais pas assez stupide pour ignorer l'esprit foncièrement opportuniste qui animait certaines de ces personnes, mais je m'en fichais. Un peu comme dans le pari de Pascal, je savais qu'on avait tous intérêt à croire à tout ça, quelle que soit la véracité des théories et autres analyses étalées dans les blogs et diverses revues spécialisées. Je prenais l'écologie non comme une science censée nous aider à distinguer le vrai du faux, ou le bien du mal, mais comme une thérapie. Ce n'était pas plus con que les bouquins de Freud, à vrai dire. Et on pouvait faire le traitement tout seul très facilement, avec les podcasts de Spotify et les playlists de YouTube. En 2020, la cure, c'était le *stream*.

On venait de passer Caen. Le gros mec qui s'était avachi à côté de moi me donnait plein de petits coups avec son bras poilu aussi épais qu'un jambonneau. Depuis le Covid, on était facilement dégoûté du corps des autres, et on ressentait tout contact physique non sollicité comme une véritable agression. La distanciation sociale était devenue une sorte de distanciation morale, où l'autre signifiait le risque, le danger, et surtout la saleté. En quelques mois, on avait fait un bond de plusieurs siècles en arrière sur le plan civilisationnel. On était tous devenus bizarres. La galaxie hygiéniste, que la mondialisation avait enfantée pour se redonner un coup de jeune, avait progressivement fait croire que la barbarie n'était jamais loin en présence d'un autre humain.

Personne ne monta aux gares suivantes – Bayeux, Carentan, Valognes – et je me réjouissais que le paysage devienne plus nettement sauvage à travers les vitres du train de la mine qui semblait vivre ses derniers instants. Plus on s'éloignait de Paris, plus on quittait les zones urbaines, et moins je me sentais oppressé. Le Cotentin, c'était ma fuite à moi ; et pour beaucoup de Français, l'exil apparaissait comme un véritable eldorado. Le progrès avait bien vécu. L'avenir, c'était de vivre à rebours. Dans les champs et la boue.

Alex m'avait envoyé un texto pour me dire qu'il était arrivé à la gare. « Je porte un sweat jaune, tu ne pourras pas me rater. » On ne s'était jamais parlé au téléphone mais notre proximité générationnelle avait tout de suite facilité le tutoiement. La ferme dans laquelle il nous accueillait appartenait à ses parents, mais c'était lui qui gérait tout le bazar avec la plateforme et notamment l'acceptation des futurs woofeurs. Pour lui, c'était une sorte de job d'été, si j'avais bien compris, car il faisait des études d'événementiel le reste de l'année dans un bahut du coin. Lui aussi s'apprêtait à prendre sa carte à Pôle emploi dans un délai proche. Ça nous faisait déjà un point commun.

Je manquai de me casser la gueule en descendant du train mais je fus rattrapé in extremis par une jeune fille aux yeux légèrement bridés, qui ressemblait à la chanteuse Anggun.

C'était Iris, ma cowoofeuse.

Alex conduisait comme un dingue dans les rues de Cherbourg. « Je vous ferai visiter un autre jour, les gars, y a pas mal de boulot à la maison. » La Toyota Yaris filait sans qu'on ait vraiment le temps de capter ce qu'il se passait. Alex avait balancé nos valises dans l'étroit coffre sans même nous demander si on avait fait bon voyage.

Le paysage était des plus ternes, malgré le beau temps qui rehaussait vaguement l'ensemble. Cherbourg ressemblait à une sorte d'immense zone industrielle où les hypermarchés succédaient aux concessionnaires auto et aux magasins de meubles discount. On se serait cru à Argenteuil, ou dans ce genre de bled à la con. Quelle évasion ratée. Iris n'avait pas l'air très rassuré et m'envoyait quelques regards complices sur le mode : « Ça te dit qu'on se casse d'ici ? » Elle avait un léger embonpoint qui lui allait plutôt bien, une peau extrêmement pâle et des cheveux noirs comme le charbon. Je l'imaginais tout à fait accueillir de riches clients pour leur montrer des statuettes égyptiennes ou des créations d'artistes contemporains dans sa galerie de la rue Jacob. Avec la mièvrerie hypocrite que cela suppose.

« Vous inquiétez pas, le centre historique est plus joli, ça fait souvent une mauvaise impression quand on traverse ce bordel en pleine journée. Surtout depuis le déconfinement, les gens sont encore plus nombreux qu'avant dans les magasins. On dirait une espèce de pulsion consumériste, un truc comme ça », nous expliqua Alex qui venait de prendre une bretelle à tout berzingue en direction des collines.

La ferme se situait à environ vingt minutes de voiture du centre, dans un village du nom de Ruffosses. Le décor devenait moins hostile au fur et à mesure que nous nous éloignions de Cherbourg ; Iris et moi commencions à souffler.

« Ah ! ça fait quand même plaisir de changer d'air ! J'en avais tellement marre de Paris, m'exclamai-je. On sent tout de suite que c'est plus pur ici, y a qu'à voir les arbres et les champs. Y a pas à dire, on voit clairement la différence !

– Oh, détrompe-toi, David ! La Manche est l'un des départements les plus pollués de France. Avec leurs centrales partout, on a des taux de cancer cent fois supérieurs au reste du pays, je crois. Ça craint grave. »

Iris disait connaître la question du nucléaire sur le bout des doigts. Elle avait particulièrement suivi le dossier Flamanville et trouvait que c'était « une folie meurtrière » de vouloir continuer le développement des chantiers, alors que « les énergies propres » pouvaient satisfaire tous nos besoins, « même les plus futiles ». Alex semblait plus dubitatif, et davantage captivé par la playlist de tubes des années 90 qu'il venait de lancer sur Spotify.

J'avais la sensation de m'enfoncer dans la jungle au fil

des routes de plus en plus tortueuses que nous empruntions. La bagnole n'avait aucune reprise et Alex était obligé d'avoir en permanence le pied au plancher pour maintenir la vitesse.

« Quelle merde, c'te chiotte ! J'ai hâte de me tirer de ce trou pour pouvoir m'acheter une vraie caisse, j'ai l'air d'un trafiquant de stups, avec ça. »

J'étais déjà en train de regretter ma porte de la Chapelle.

Iris s'était pris une petite dizaine de selfies avec son téléphone et se concentrait sur le réglage optimal des filtres Instagram. Elle paramétrait la luminosité, le contraste, la température des couleurs et même le niveau des blancs. Je remarquai aussi qu'elle prétraitait ses clichés dans une application tierce pour les rendre encore plus beaux. Mais elle ne parvenait pas à valider sa publication.

« C'est bizarre, j'arrive pas à poster, ça n'arrête pas de rafraîchir tout seul. T'arrives à faire marcher Spotify, pourtant ! C'est quoi le bail ?

– Ah non, c'est normal ! Ça capte pas à Ruffosses. Mon Spotify est en hors connexion, en fait. Mais vous prenez pas la tête, on a l'ADSL à la baraque. À l'étage, ça marche nickel. C'est la campagne ! »

Nous arrivâmes chez Alex sur le coup de quatre heures, après avoir failli heurter un tracteur qui avait déboulé d'un chemin de terre. Iris avait sursauté et, sous le coup de l'émotion, elle avait furtivement agrippé ma main. En bon stratège, j'avais feint le mec dédaigneux. J'étais déjà en train d'avancer mes pions.

Les parents d'Alex s'avérèrent bien plus sympathiques

que leur fils et nous accueillirent avec un réel enthousiasme. La ferme ressemblait davantage à une sorte de chalet de montagne et les bêtes se trouvaient quelques centaines de mètres plus loin, à l'orée d'un bois. Iris et moi avions chacun notre chambre à l'étage, tandis que celle d'Alex se situait au rez-de-chaussée, assez loin de nous. Ce n'était pas plus mal.

La baraque faisait une bonne centaine de mètres carrés et donnait sur un grand jardin aux allures plutôt élégantes. Il y avait le fameux chien au pelage multicolore – un certain Dorian –, un important clapier, ainsi qu'un bruyant poulailler. Je me demandais quelle utilité réelle Iris et moi allions avoir, l'entretien de ces petites bêtes ne semblant pas nécessiter un travail à temps plein. Le gros du boulot, c'était les vaches.

La mère d'Alex nous offrit une part de tarte – faite avec les pommes du jardin – et du Café de Paris, un mousseux premier prix que je consommais régulièrement lors de mes intempestives beuveries du week-end. Iris s'était mise à l'aise et discutait avec le père, un homme d'une soixantaine d'années qui ressemblait à Mel Gibson, en plus mince. C'était la ferme de ses parents, qu'il avait reprise quelques années auparavant après avoir été ouvrier dans une grande entreprise de production de lait, pendant deux décennies. Au quotidien, c'était lui qui s'occupait de tout, la mère d'Alex, une femme sportive et rigolote, exerçait en tant que prof de maths dans un collège de Cherbourg.

On n'avait pas vraiment affaire à des paysans, et ce n'était pas pour me déplaire, après l'accueil glacial que nous avait réservé Alex lors de notre arrivée. C'était dommage qu'ils se tirent si tôt.

J'avais aidé Iris à monter ses affaires à l'étage. « Alors, pas trop déçue pour les vaches ?

– Et toi ?

– Bah moi, tu sais, je cherche plutôt le grand air, prendre un peu de recul sur tout ça, faire le point… Et toute façon, sur l'annonce, ils précisaient que les… »

À peine avais-je eu le temps de poser sa valise dans sa chambre qu'elle se rua sur moi pour m'embrasser. Je fis mine de reculer.

« Tu vas quand même pas me dire que t'es gay ? » me demanda-t-elle en posant ses doigts sur mon sexe, qui se dressa aussitôt. Je ne l'avais pas vue venir. « Ferme la porte, jeune homme. Tu crois que j'suis venue là pour mater des culs de vache ? Le mec a fumé. Désape-toi, y a les pécores qui vont bientôt se ramener. »

Je venais tout juste de sortir de la chambre quand Alex s'écria en bas de l'escalier : « Tout va bien, les Parisiens ? Descendez, on va vous montrer les bêtes ! »

Iris ouvrit la porte et se dirigea vers l'escalier sans m'adresser un regard. Cinq minutes plus tôt, elle avait demandé que je la défonce en lui pinçant les tétons. Drôle de bonne femme. Ou peut-être était-ce un test d'un type nouveau, qu'on pratiquait dans le milieu de l'art contemporain.

Nos trois hôtes nous emmenèrent d'abord voir la basse-cour au fond du jardin. Alex avait enfin esquissé un sourire et m'avait collé un gros lapin dans les bras qui devait être aussi lourd qu'une caisse de champagne. Iris en profita pour me prendre en photo sous toutes les coutures devant les yeux amusés des parents.

« C'est pas sur le périphérique que t'en trouveras des comme ça ! » s'exclama le père, qui se foutait légèrement de ma gueule.

Les vaches, quant à elles, ressemblaient à des vaches. Je savais qu'on s'en extasiait dans la France entière depuis que *L'amour est dans le pré* avait conquis le PAF, mais ça n'avait pas un fol intérêt. Même Iris, qui s'était précipitée pour aller voir le père s'adonner à la deuxième traite de la journée, avait comme déchanté, lorsqu'elle avait découvert toute la technique moderne qui encadrait le processus : la trayeuse elle-même, faite de tuyaux et de brosses, et toutes les données collectées par un logiciel tiers pour maîtriser les volumes récupérés et produire moult statistiques visant à optimiser le travail. L'horreur atteignit son comble quand la mère nous précisa qu'ils souhaitaient bientôt investir dans un « robot de traite » pour améliorer encore l'efficacité de la production. Pour le coup, Iris n'avait plus de photos à prendre.

Je m'étais assoupi dans ma chambre avant le dîner. Le père d'Alex nous avait demandé de l'aider à déplacer la « corde » – qui désignait plusieurs stères de bois – jusqu'à un abri situé près du poulailler. J'avais voulu jouer les gros bras devant Iris et les allers-retours avec la brouette m'avaient explosé le dos, à tel point que j'avais l'impression d'avoir été battu. Pour me soulager, j'avais pris un Doliprane 1000 mais ça me lançait de manière régulière et la douleur irriguait jusqu'à mes cuisses. Quelle journée de merde.

Ce crétin d'Alex, qui maintenait en permanence sur son visage une sorte de moue sarcastique, s'était marré en me voyant peiner à monter l'escalier de la baraque. J'ignorais s'il avait capté ce qu'il s'était passé quelques heures plus tôt avec Iris et s'il témoignait là une sorte de jalousie puérile, mais son absence de compassion était louche. Au-delà, je me demandais ce qui les avait poussés, lui et ses parents, à faire venir deux Parisiens pour s'occuper de trois lapins et de quelques poules. Il devait bien y avoir une raison.

Les parents venaient juste de se casser avec leur camping-car en nous laissant une liste d'instructions longue comme un bras. L'absurde, c'est qu'elle ne contenait que des choses totalement futiles : le type de croquettes à acheter pour le cabot, la marque de moutarde à prendre, une putain d'émission télé à enregistrer pour eux quelques jours plus tard, et même un nombre précis de rouleaux de Sopalin. C'était à croire qu'ils se foutaient de nous, les Normands.

Iris commençait à s'habituer à cette espèce d'esprit régressif et ne manquait pas une occasion de pratiquer le racisme social dès qu'Alex avait le dos tourné : « C'est des ploucs, tu t'attendais à autre chose, dans ce trou ? Y a même pas la fibre » ; « C'est comme j'imaginais : moche et arriéré. La province, quoi ! » Avec ça, on était bien avancés.

Je me demandais au demeurant ce qui pouvait bien l'avoir motivée pour aller passer quatre semaines dans ce qu'elle semblait mépriser depuis toujours. Mais j'avais une petite idée : peut-être voulait-elle seulement alimenter son compte Instagram et sa naissante chaîne YouTube. « La nature, c'est optimal pour faire de belles images », m'avait-elle dit à la gare de Cherbourg, lors de notre arrivée.

Ma propre intention n'était sans doute pas des plus pures, mais elle était au moins honnête : j'avais vraiment envie de découvrir un nouveau mode de vie, à la fois proche du mien, mais alternatif à certains points de vue. Je savais, surtout depuis la pandémie, que le projet urbain en général était dépassé, voire carrément en voie d'extinction. Surtout qu'il n'y avait même plus de boulot dans les boîtes normales, en dehors des contrats précaires qui permettaient tout juste de se payer un resto par mois, pour quarante heures de taf hebdomadaires. Il me fallait un authentique changement.

Malgré le certain désenchantement que je ressentais, je commençais à y trouver mon compte, dans cette expérience naissante. Le dîner de la veille avait été succulent, avec du fromage local et du pain maison que la mère d'Alex avait fabriqué elle-même, et mon mal de dos était déjà parti, grâce à la nuit profonde que je venais de passer. J'avais fait le tour du cadran, avant d'être réveillé par Iris qui était venue s'installer près de moi, sur le coup de onze heures. Pour me tailler une pipe.

Après avoir aidé Alex à nourrir les lapins, j'étais parti faire un jogging dans les chemins des environs. L'endroit était plutôt escarpé mais j'avais emporté avec moi des chaussures de course semi-professionnelles qui m'autorisaient à me faufiler presque partout. C'était l'accessoire principal de survie, après mon iPhone et mes écouteurs. Iris avait voulu m'accompagner mais j'avais préféré y aller seul, pour ne pas avoir à faire la conversation – il n'y a rien de pire que de courir en parlant. Et je ne m'intéressais pas du tout à l'art.

Il faisait très chaud et, bien qu'étant torse nu, je sentais la moiteur sur ma peau au fur et à mesure que je dévalais les pentes et que je remontais les côtes des petites routes. Le paysage s'avérait formidablement apaisant, avec diverses variétés de conifères et des champs dessinés avec soin. Même s'il s'agissait de bois, l'ensemble faisait davantage penser à un immense jardin façonné au fil des siècles par les agriculteurs et autres habitants de la région. Il n'y avait pas eu besoin de plan urbain ni de loi ALUR pour planifier la cohérence de la structure, mais de fait, le résultat apparaissait rayonnant de perfection.

J'écoutais un podcast sur le minimalisme que j'avais téléchargé avant de partir de la maison. C'était un Anglais qui expliquait que la surconsommation avait atteint un point de rupture et qu'il fallait désormais se concentrer non plus sur l'*addition* – de biens ou de services en général –, mais sur la *soustraction*. L'idée m'intéressait et me rappelait une discussion que j'avais eue quelques mois plus tôt avec mon ami Simon, un camarade d'école qui essayait de comprendre cette espèce de mouvement post-new age consistant, selon lui, à vouloir sans cesse « enlever ». Enlever des consommations superflues, enlever des objets non essentiels à notre vie, enlever des activités inutiles ou même clairement nocives.

L'approche me séduisait, et il allait sans dire que le monde dans lequel nous vivions était en train de se retourner contre le système que nous avions, depuis au moins le XIXe siècle, nous-mêmes bâti. Il n'y avait pas besoin d'être un fin écolo pour comprendre que la masse d'humains, qui continuait sans cesse d'augmenter, mettait notre habitat en péril à terme – et donc, d'une certaine façon, notre espèce. Le « combat » environnemental, longtemps moqué et ridiculisé tant par la droite libérale que par la gauche industrialiste, nous était en quelque sorte tombé dessus au gré des catastrophes climatiques diverses et des migrations environnementales contraintes. On ne pouvait plus faire illusion.

Je déplorais cependant le penchant assez glauque d'une certaine version de ce minimalisme, qui prenait, comme une part importante du mouvement écolo, un virage bourgeois. De fait, la mouvance environnementaliste était traversée par des forces aux intérêts fortement contradictoires, et tout était, dans la pratique, question de priorités. Le prolo n'était pas plus bête que le bobo, mais le premier devait d'abord gérer l'essentiel : le boulot, le logement, le transport. Et c'était déjà loin d'être évident. Le second avait davantage le temps de raisonner, et c'est d'ailleurs ce qu'il faisait. Sans s'en rendre compte, on avait comme à chaque fois instauré une nouvelle division des tâches, entre d'un côté ceux qui théorisaient et de l'autre ceux qui se faisaient sermonner. Avec tout le mépris et toute la violence symbolique que l'opération supposait. Greta Thunberg avait sans doute du cœur, mais les classes moyennes qui tournaient à mille cinq cents euros et qui n'avaient pas de voiture électrique n'étaient pas non plus le diable. À moins de croire qu'on pouvait être tenu pour responsable de sa condition sociale. Secrètement, certains devaient le penser.

On avait beau retourner le problème dans tous les sens et marteler que tout le monde avait intérêt à soigner la planète, et à la réparer, cet ordre des priorités, basiquement économique, demeurait intact. C'est pour cette raison qu'on pouvait facilement être écœuré par les donneurs et donneuses de leçons qui, sans imaginer une seule seconde devoir mettre les mains dans le cambouis, exerçaient la politique en chambre. On pouvait comprendre ce qui agaçait tant, dans le peuple, chez ces militants « écolos ».

J'étais moi-même un personnage assez caricatural, avec mes pompes fabriquées en Chine, mes écouteurs commandés sur Amazon et mon téléphone qui supposait l'extraction du tantale, avec l'exploitation de milliers d'enfants dans des mines sordides. Il aurait vraiment fallu être une ordure pour ne pas voir l'indécence de l'exercice d'équilibrisme intellectuel que tout ce verbiage écolo-opportuniste supposait. Pourtant, un bon nombre le pratiquaient. Moi le premier.

Malgré tout, c'était un autre aspect du discours minimaliste qui me débectait le plus : tout le refrain, largement hors sujet, sur les « personnes toxiques ». En effet, la pensée pseudo-environnementaliste empruntait parfois des chemins scabreux, et le plus opportuniste d'entre tous était sans nul doute celui du développement personnel – qui avait comme particularité bien pratique d'être totalement homogène au modèle capitaliste lui-même, qu'il s'agissait de nourrir encore et encore, sans jamais envisager de le contrarier.

Le trajet était généralement le suivant pour une personne non spécialiste du sujet : on tombait sur une vidéo YouTube anodine au sujet du bien-être, puis on sautait de playlist en playlist sur des contenus liés à la sophrologie, au fitness, ou plus encore au yoga, et à peu près à ce moment-là, on avait droit à un sermon sur le fameux « minimalisme ». À première vue, on ne pouvait qu'être séduit, par la recherche de la paix intérieure, d'une certaine distance vis-à-vis des biens matériels et donc, s'agissant plus spécialement de l'écologie, d'une plus grande modération dans les modes de consommation.

Mais cette théorie allait souvent plus loin et considérait que, d'une certaine façon, l'homme était aussi un mal en soi, du fait de ses propres conséquences sur l'environnement, et même au-delà, en raison de sa nature frivole et excessive. Le minimalisme visait non seulement à limiter l'homme dans ses mauvais comportements – ce qui pouvait bien sûr s'entendre – mais également à le limiter tout court.

Ce penchant étrange, et propre à une certaine dérive du discours catastrophiste, poussait même quelques illuminés à dire que le virus ultime n'était en réalité ni la pollution, ni la surconsommation, mais l'homme lui-même, qu'il fallait donc « réduire », autrement dit éradiquer – sous une forme ou sous une autre.

L'idéologie m'était apparue quelques mois plus tôt lorsque, porté par une fièvre proplanète et antigaspi, j'avais posté sur Insta la photo d'un ours polaire en proie à la fonte des glaces. Une militante sortie de nulle part était venue m'insulter pour me dire qu'il n'y avait de toute façon plus rien à faire, que l'homme avait niqué la planète et qu'il méritait désormais de disparaître. Comme ça, sans aucune autre forme de procès.

Dans ce contexte, l'épidémie de Covid-19 était pour cette frange de tarés une sorte d'annonce divine millénariste : la fin des temps approchait, avec son lot de calamités et de phénomènes extraordinaires. On était loin de la science. Et encore plus d'une pensée « humaniste », quelle que soit l'acception qu'on pouvait donner à ce terme lui-même vieilli.

Pour autant, malgré le discours de certains fanatiques, qui polluait une partie non négligeable de la démarche environnementaliste, je savais que l'enjeu était plus que réel. Et urgemment actuel. Il nous fallait seulement le saisir de manière plus directe.

Iris était en train de faire une session selfies avec Alex sur la terrasse en tek devant la maison.

« Allez, souris, bordel ! Faut donner envie aux gens de venir woofer chez toi !

– Comme ça ?

– Mais non, là t'as une gueule de pédophile, détends-toi ! J'veux pas faire flipper mes abonnés !

– Comme ça ? demanda à nouveau Alex en esquissant un vague sourire.

– Ouais, on va dire que ça passe... Allez, et lève ton bras en mode wesh ! T'auras l'air moins coincé.

– Comme ça ?

– Ouais, nickel, là tu ressembles presque à un mec normal... Je déconne ! C'est quoi ton compte ? Je te tague. »

On avait beau avoir tous plus ou moins le même âge, l'hystérie d'Iris n'avait pas d'égale. Et malgré l'humiliation qu'elle lui faisait subir, Alex avait l'air séduit et s'exécutait sans broncher. Lui aussi était un « jeune connecté », mais dans une version plus pudique et discrète, disons. Une version campagne-compatible.

J'étais pour ma part un centriste, et je pratiquais le *self-love* avec modération. Pas parce que je ne m'aimais pas, ou que j'étais moins égocentrique, mais parce que les trucs prenaient trop de temps à paramétrer, pour avoir une gueule potable sur les photos. Alors je m'autolimitais. J'étais exactement comme tout le monde.

Nous déjeunâmes sous le grand parasol rayé de la terrasse en compagnie du chien qui avait trouvé refuge à mes pieds. Il devait bien faire trente degrés et Alex avait fait cuire au barbecue une côte de bœuf d'un kilo sept, qu'il avait achetée le matin même à la boucherie du village. Saignante.

Iris avait manqué de se brûler un sein après s'être approchée trop près du feu pendant un live Instagram, qu'elle avait entamé dès le début de l'apéro. L'incident l'avait quelque peu calmée et Alex et moi l'avions convaincue d'aller poser son portable à l'étage, pour l'extraire une seconde de sa ligne de mire. Elle s'était sentie bête et avait même consenti à s'excuser : « J'suis désolée, les gars, mais c'est tellement addictif, Insta, pourtant j'ai mis le verrou sur le tél qui limite le temps de connexion à certaines applis, mais dès que je reçois la notification comme quoi j'ai dépassé, bah, je désactive le truc. Tellement le seum. »

Le momentané calme digital nous permit de faire plus ample connaissance et de briser enfin la glace entre nous. Ainsi que la gêne franchement désagréable qui s'était doucement installée depuis le premier jour.

Alex nous parla du DUT qu'il suivait depuis deux ans et de ses projets de carrière dans l'événementiel, « dans l'idéal chez Disney », pour « sortir de ce bled déprimant » ;

quant à Iris, qui faisait une licence d'histoire de l'art à la Sorbonne, elle nous raconta sa passion pour Warhol – qu'elle prononçait à l'américaine – et sa volonté de créer une galerie en ligne dès la fin de son master. En l'écoutant, je me disais qu'elle paraissait infiniment moins sotte que l'image qu'elle voulait bien donner. Elle n'était pas superficielle par ignorance, mais par pur sens des affaires.

« Sur internet, t'as pas le droit d'être triste. C'est terrible à dire, et j'suis la première à le déplorer, mais personne n'a envie de voir une meuf ou un mec déprimé montrer sa gueule. Ça, tu le gardes pour toi, ou tes potes proches. Si tu vas sur Insta, faut envoyer du rêve, ce qui veut pas dire que ça n'autorise pas des variations, mais fondamentalement, l'algorithme marche ainsi. Et sur YouTube, c'est la même chose, au final. Vous connaissez des gros youtubeurs qui font autre chose que du comique régressif pour trisos ? Y en a pas. Donc voilà, faites pas chier. C'est pas moi qui décide. »

Alex buvait ses paroles, avec à peu près autant de ferveur qu'il sifflait ses verres de rosé. D'ailleurs, tout le monde était déchiré.

« Moi… je lève mon verre à ce woofing ! » s'écria Iris en se levant près de la table. Son haut de soutien-gorge était à moitié barré mais ça ne semblait pas l'inquiéter. « Je voudrais remercier Axel… enfin, surtout Alex, pour son accueil pas vraiment chaleureux mais sympatoche, finalement ! Hein ! Et pour fêter nos retrouvailles… notre renc… pour fêter l'événement, je suggère que chacun retire son slip ! Parce qu'on va pas regarder ces putains de lapins jusqu'au retour des vieux, quand même ! Sinon je les bouffe ! Vous entendez ?! Qu'est-ce que t'as David à me regarder comme ça ? T'as peur qu'on voie ta p'tite bite circoncise ? »

– Bois un coup d'eau, chérie, tu vas nous faire un coma avec tes conneries ! dis-je en lui servant un grand verre de San Pellegrino.

– Ah, maintenant le mec m'appelle chérie ! Il me calcule pas de la matinée et maintenant, hop ! il me doigte ! Il me drague, pardon… »

Alex restait mutique, même si l'alcool avait sur lui rigoureusement les mêmes effets que sur Iris et moi. Je sentais qu'il réfléchissait à quelque chose, une espèce de stratégie, peut-être, mais il avait un mal terrible à se lancer, le pauvre. Et même simplement à parler. Il avait du désir, mais aucune intention de le concrétiser.

Iris avait parfaitement cerné le personnage et s'amusait à le provoquer en venant lui parler très près du visage ou en lui faisant des sortes de moues équivoques, qui tétanisaient notre hôte.

« Bon ! Alors ! J'veux voir votre slip, les gars ! Je récompense le plus beau ! Et y a pas une concurrence de malade, hein, alors *go* !

– Mais c'est nul comme approche, meuf… À la rigueur on fait un strip-poker si ça vous dit, mais pas comme ça, sur commande ! Ça pue.

– Mais qu'est-ce que vous êtes coincés, les mecs ! J'ai mes seins qui se baladent devant vous alors qu'on se connaît à peine, j'vais pas vous violer !

– Ah non, mais moi je fais aucun poker, dit Alex. Déjà je sais pas jouer, et surtout je déteste les… »

Iris se jeta sur lui et fit basculer en arrière la chaise sur laquelle il était assis. Elle l'embrassa sur la joue avant de lui dire : « Tu veux pas augmenter ton score sur le site de woofing ? T'as que 4 sur 5, de mémoire. J'peux te mettre un commentaire avec cinq étoiles. Tu vas remonter dans l'algorithme comme un bâtard. Si tu rates pas tout… »

J'étais mort de rire.

« Au fait, David ? me lança-t-elle d'un ton sec. Tu peux aller voir ailleurs si j'y suis ? Ce serait sympa. »

Je m'étais refugié dans la chambre des parents d'Alex, qui se situait au niveau de l'entrée principale, à l'opposé de la terrasse. Des copies et des livres de maths traînaient un peu partout sur un bureau en bois qui devait servir de poste de travail à la mère. Un large écran plat et une webcam de bonne facture laissaient penser qu'elle avait dû faire cours à distance, comme c'était devenu habituel depuis la crise du Covid. Il y avait aussi plusieurs photos du père s'adonnant à la pêche dans des paysages de style canadien – bien qu'il dût sans doute s'agir de la Normandie.

C'était un couple spécial, que j'avais vaguement commencé à découvrir lors du dîner de la veille. La mère était agrégée, vive d'esprit et politiquement engagée à gauche, alors que le père, calme et taciturne, paraissait essentiellement préoccupé par ses bêtes et les plaisirs de la nature. Alex semblait avoir hérité de l'intellectualisme de sa mère et de la discrétion de son père. Je détestais les entre-deux.

J'avais beau me trouver à plusieurs dizaines de mètres de la terrasse, j'entendais distinctement les ébats de mes deux colocataires à cause des nombreuses fenêtres ouvertes. La mayonnaise avait l'air de prendre. Tant mieux pour le paysan, me dis-je.

En regardant de nouveau le bureau, je remarquai un large tiroir, en bas à droite de celui-ci, qui était fermé à clé. Il devait vraisemblablement contenir les documents et autres paperasses administratives liés à l'exploitation. De ce que j'avais compris, les vaches avaient été acquises récemment, après un « problème » qui avait empêché la production de lait pendant quelques mois. Le père d'Alex était resté évasif et avait pris soin de rappeler : « Toute façon, vous n'aurez pas à vous en occuper, donc soyez tranquilles ! Les poules et les lapins vous donneront déjà assez de travail. Et puis c'est aussi des vacances, pour vous ! »

Une certaine culture du secret rôdait dans cette famille.

« Bah ça va, tu te gênes pas, dis donc !

– Ah pardon ! dis-je en me retournant brusquement.

– Nan mais t'inquiète, je m'en fous. J'vais pas aller le répéter à l'autre…

– C'était bien, j'ai l'impression, vous deux… Ça va, c'est pas un éjaculateur précoce ?!

– Moins que toi. Il a un de ces machins…

– Ravi de le savoir…

– Bon, tu te ramènes ? On va s'occuper des vaches.

– Ah, il nous y autorise, maintenant ?

– Vite fait, mais viens, fais pas ton ronchon. En plus, y en a une qu'a une couille, à ce qu'il paraît. Ça sera moins relou que l'autre fois. »

L'exercice physique l'avait apparemment fait décuver ; elle était redevenue celle qu'elle était lorsque je l'avais croisée, fraîche et rayonnante, à la gare de Cherbourg. Elle s'était rhabillée, avait attaché ses cheveux et portait même des lunettes.

« T'y vas comme ça, aux vaches ? » lui demandai-je, alors que je la suivais vers le salon. J'entendais Alex en train de débarrasser la table, à l'extérieur.

« Je fais un live, c'est pour ça. Tu veux qu'on le tourne ensemble ?

– Euh… bof. Je suis pas influenceur, tu sais. Ça me sert à rien. Et j'aime pas trop montrer ma gueule.

– Détrompe-toi, si tu cherches du boulot, faut miser sur les réseaux. Tu fais quand même pas partie de ces mecs déprimants qui demandent du taf sur LinkedIn ? Pitié. Genre *the* réseau des losers !

– Ta gueule. »

Alex avait autorisé Iris à installer un petit trépied à l'entrée de la grange. On pouvait regarder notre hôte travailler à condition de ne pas trop nous approcher.

« Même avec ce qu'il m'a mis tout à l'heure, il me fait toujours pas confiance, le gars. J'hallucine. »

L'étable était complètement surdimensionnée par rapport au nombre de vaches – je n'en comptais que cinq. C'était à croire que l'exploitation était sur le point de cesser, ou carrément d'être vendue. Alex ne s'étant pas positionné pour reprendre l'activité à la suite de ses parents, c'était sans doute ce qui se passerait quelques années plus tard, d'autant que le père semblait approcher de l'âge de la retraite.

Avec sa gestuelle et son assurance, Iris pouvait presque passer pour une reporter professionnelle. Étant donné que son prochain projet était YouTube, elle voulait « tester deux ou trois trucs » sur Insta avant de se lancer. L'un de ses modèles était HugoDécrypte qui faisait des vidéos et reportages d'actu sur la politique et la société avec un grand succès. Le personnage avait commencé à être pris au sérieux le jour où Macron avait participé à l'une de ses émissions, au moment des élections européennes de 2019. « Le mec est bon, mais j'suis sûre que j'peux faire mieux », disait Iris.

Alex me faisait un peu de peine et semblait ne prendre aucun plaisir à sa tâche. Il pestait et soupirait bruyamment, malgré la précision extrême de ses gestes. On en avait pourtant besoin, de gens comme lui. Sauf qu'on vivait dans un monde qui avait lentement déprécié toutes les activités manuelles au profit des tâches dites intellectuelles – même lorsque celles-ci consistaient à jouer sur des tableurs Excel ou à pondre des slides PowerPoint pour le compte d'obscurs cabinets de conseil. Alors, quoi qu'on en pense, ça n'était pas très glorieux pour un mec de vingt-cinq ans de traire une vache. Encore moins devant deux « Parisiens ».

« Nous voici donc à Ruffosses, jolie petite bourgade normande ! Je vous avais promis ce live dans la campagne profonde… vous allez êtes servis ! »

Je voyais Alex quelques mètres derrière, en train de lever les yeux au ciel.

« Contrairement à ce que je craignais, l'endroit est plutôt agréable et presque moderne ! Bon, c'est vrai que le téléphone est branché à la wifi de la baraque parce qu'il n'y a pas de 4G, mais bon, on survit ! »

J'avais envie de la noyer dans la Manche, après avoir jeté son portable d'une falaise et son trépied avec.

« Derrière moi, se trouve mon gentil fermier, un gars adorable qui accueille des woofeurs toute l'année ! Enfin, en pratique, vous avez intérêt à éviter les mois d'hiver vu le froid de gueux qu'il doit faire ici ! Mais en dehors de ça, y a de l'excellente confiture, du pain maison, l'électricité et même des… »

Alex semblait contrarié et s'était approché d'une vache pour vérifier quelque chose.

« Alors, évidemment, vous vous dites sans doute : pourquoi gâcher mes vacances dans une ferme paumée de Normandie alors que je pourrais me la couler douce à Mykonos ? Eh bah déjà, le Covid rend la chose un peu compliquée, faut être honnête, et surtout… »

Après avoir fait le tour de la vache suspecte, Alex était revenu dans l'allée. Il avait sorti son portable de sa poche, l'air inquiet.

Tout en continuant son live, Iris décrocha délicatement son iPhone du trépied. « Alors, même si notre fermier n'est pas toujours très commode, nous allons tenter de nous approcher pour comprendre un peu mieux les secrets de ce mode de vie si étonnant, celui de la campagne et des animaux sauvages ! »

Elle commença à avancer à l'intérieur de la grange, sans jamais quitter l'objectif des yeux. Alex était en pleine conversation téléphonique, le visage crispé.

« Je sais, les filles, on n'a pas l'habitude de se mettre dans des situations pareilles, mais si Karine Le Marchand peut le faire, je peux le faire ! N'est-ce pas. Alors voici derrière moi le trésor du lieu, la véritable raison d'être de mon petit périple : des vaches laitières trop adorables, qui sont justement en train…

– Casse-toi de là ! Je t'ai dit de pas rentrer ! »

Fin du live Instagram.

Iris était hors d'elle. « Non mais t'as vu comment il me parle ? Ce type a vraiment un problème ! J'allais pas les agresser, ses saloperies de vaches de merde ! Qu'il se les foute dans le cul, le pécore ! Avec toutes ses poules et ses ignobles lapins ! »

J'avais tenté de la calmer en lui expliquant qu'il n'était sans doute pas habitué à voir débarquer des youtubeurs chez lui et qu'il vivait quand même dans un autre monde que le nôtre. Mais rien n'y faisait. « Mais ça va pas, David ? Il savait très bien que j'étais influenceuse, je l'avais précisé sur mon profil de woofeuse, ils aimaient beaucoup l'idée, c'est en toute connaissance de cause qu'ils m'ont fait venir ! C'est des vrais connards, j'te jure ! M'étonne pas qu'ils votent tous facho, ces gens, même leurs jeunes vivent trente ans en arrière ! »

Pour ma part, j'avais trouvé la remarque d'Alex on ne peut plus justifiée et les propos qu'Iris avait tenus face caméra tellement odieux qu'elle méritait bien d'être remise à sa place. Mais on avait touché là au nerf de la guerre, s'agissant des réseaux sociaux : l'image. En étant forcée de couper précipitamment son live, Iris s'était sans doute ridiculisée aux yeux de ses « abonnés ». Sa colère paraissait disproportionnée, et surtout ridicule, mais l'impact avait été réel, à son niveau, car plusieurs dizaines de milliers de personnes la suivaient sur Insta – j'avais vérifié ses métriques. Elle avait même déjà eu des petits articles dans la presse féminine. Sa voix commençait à porter.

Même si elle n'avait rien à dire.

J'avais proposé à Iris d'aller nous promener pour faire retomber la pression. Elle s'était calmée et avait lancé à

Alex un relativement sympathique « on revient bientôt » avant d'ouvrir le portail de la maison. On n'avait de toute façon pas d'autre choix que de s'entendre avec ce mec, sauf à vouloir gâcher toute la suite du séjour.

En discutant avec elle, je réalisai l'importance des démarches digitales qu'elle entreprenait. L'exercice lui prenait plusieurs heures par jour et une bonne partie de ses week-ends depuis qu'elle avait quinze ans. Elle avait rencontré « les plus grands » des influenceurs francophones : Squeezie, Norman, Cyprien, Caroline Receveur... Son approche était toutefois légèrement différente puisqu'elle comptait intégrer son travail à une certaine expertise plus « professionnelle ». Sa stratégie consistait à fédérer un maximum de personnes avec des méthodes éprouvées – les live, les vidéos comiques ou sexy – pour ensuite les amener vers des « produits » plus sérieux.

« Le problème de la culture pointue, c'est que ça n'intéresse pas les jeunes. Perso, ça m'arrive de regarder les soirées Théma d'Arte, c'est hyper-intéressant. Mais vas-y pour attirer les moins de trente ans ! Ou même de trente-cinq. Le pied, ce serait de faire du haut de gamme sur TikTok. Ou à la rigueur Insta. C'est là qu'est l'audience. Les Millénials et les Gen Z. Mais du coup, faut lutter contre l'algorithme comme des putains de barbares ! C'est tout l'art de la manipulation. »

Sous ses airs d'influenceuse tête à claques, elle avait finement compris l'enjeu de l'époque, qui dépassait la question des seuls produits culturels. Depuis l'avènement des réseaux sociaux, et encore davantage avec la crise du Covid, le numérique avait envahi tous les foyers – y compris ceux qui, pour des raisons de préférence ou simplement de génération, ne s'y étaient jusqu'alors pas vraiment intéressés. De fait, 2020 n'avait pas vu que l'essor préoccupant d'Amazon dans le commerce, on assistait à une véritable mutation des comportements. Car en ligne, rien ne se passait comme dans le monde physique. Et ce, quel que soit le centre d'intérêt. Qu'il s'agisse de films, de musique, de livres, d'art contemporain, de journaux, de voitures, de sacs à main ou de bouffe, internet était en train de devenir le principal vecteur d'influence et, concrètement, de ventes. Donc, de pouvoir.

Iris avait fait des stages dans le marketing, notamment chez Saatchi & Saatchi qui, outre la célèbre galerie, détenait une puissante agence de publicité. Elle avait pu observer de l'intérieur la forte proximité idéologique entre les structures, qui avait donné naissance, d'ailleurs contre les souhaits du fondateur, à une plateforme d'art contemporain en ligne – « Saatchi Art ». Cette mutation, qui pouvait sembler anecdotique dans un marché lui-même de niche, symbolisait selon elle l'immense mouvement à l'œuvre qui détruisait chaque jour toutes les structures et les institutions d'autrefois.

« J'ai rencontré beaucoup de gens du milieu, et certains voient ça d'un œil inquiet, d'autres comme un complément nécessaire aux galeries physiques. Moi, je n'ai pas d'avis. Mais ce qui me paraît clair, c'est qu'on réalise pas assez la nature profonde de la transformation.

– Ouais mais au final, c'est une œuvre. Qu'elle soit sur un site ou dans une galerie à Saint-Germain-des-Prés, qu'est-ce que ça change ?

– Absolument tout. Tu sais ce que c'est que le SEO ? »

Alors que nous descendions une petite route qui

s'enfonçait dans un bois, Iris se lança dans une sorte de cours de marketing digital. Elle m'impressionnait. Et comme chaque fois que quelqu'un me faisait cet effet sur le plan intellectuel, j'avais la gaule. J'étais ce qu'on appelle un sapiosexuel.

« Quand t'as un contenu quelconque que tu veux mettre en avant, style une librairie en ligne ou je sais pas, genre un cabinet de psychanalyse, tu ne peux pas te contenter de faire un site dégueulasse avec ta tronche et ton numéro de téléphone. Ça, ça marche si les gens te connaissent déjà, du coup ils te pardonneront peut-être de faire aucun effort… Mais si tu veux être visible, capter de la nouvelle clientèle, tu dois remonter dans les résultats de recherche, d'où le SEO, pour *Search Engine Optimization*. En gros, c'est ton référencement sur Google. Qui inclut aussi YouTube, puisque c'est la même boîte qui contrôle. Et, gros, si…

– Tu m'appelles gros, maintenant ?!

– Attends, laisse-moi t'expliquer. »

J'avais envie d'elle comme d'une crêpe au Nutella. Avec supplément chantilly.

« Donc, si tu veux remonter dans l'algorithme, t'es obligé de faire des contenus sans arrêt, et les plus régressifs possible ! Tu connais cette phrase mythique de l'ancien gars de TF1 sur le temps de cerveau disponible ?

– Ouais, ça me dit quelque chose, mais tu voudrais pas plutôt qu'on se pose vers…

– Attends, et sur internet, c'est pareil, mais EN PIRE. T'imagines pas à quel point tu dois être bas de plafond si tu veux avoir la moindre petite chance d'augmenter tes *followers* et donc, quel que soit ton biz, d'avoir de la visibilité.

– Donc on est condamnés à devenir tous abrutis pour remonter dans Google, en clair ? Quel bel avenir !

– Oui. Enfin pas exactement, personne n'est obligé. Mais effectivement, la spécificité d'internet, c'est la concurrence généralisée, qui n'est pas aussi forte dans le monde physique. Si tu te balades à Paris, par exemple, et que tu tombes sur une boutique qui vend des produits assez quali, ou artisanaux, genre des paniers ou des falafels, t'es pas en concurrence avec le monde entier, à ce moment précis. Donc le produit quali a sa chance. Et donc le vendeur peut vivre, même s'il est tout petit. Sur internet, il est invisibilisé. Il n'existe pas. Il est *dead*.

– Et c'est la faute à personne, si je comprends bien ?

– D'une certaine façon, oui. C'est pour ça que je suis pas antinumérique du tout. On a beau dire ce qu'on veut, c'est l'expression démocratique, internet. Et s'il y a autant de conneries dessus, c'est parce que la proportion d'abrutis est beaucoup plus élevée que celle de gens moins cons. On a ce qu'on mérite. Mais on veut pas l'admettre. Internet, ce n'est pas une expression de la bassesse humaine, c'est la réalité humaine elle-même. Pas facile, quand tu sais que… »

Cette fois-ci, c'est moi qui me jetai sur elle.

Je vivais depuis trois ans dans un studio de vingt-deux mètres carrés, à quelques minutes à pied du métro Porte de la Chapelle. J'avais espéré pouvoir m'offrir un quartier plus sympa à ma sortie d'école, mais les loyers parisiens avaient franchi des seuils invraisemblables pour le commun des mortels. J'avais été embauché en CDI, qui plus est avec un statut de cadre, mais mon jeune âge et par conséquent ma modeste expérience professionnelle n'avaient pas permis à mon employeur – un sous-traitant d'un groupe industriel – de me payer au-delà de deux mille euros.

Sur le papier, avoir à peine vingt-cinq ans et gagner déjà une telle somme, bien supérieure au salaire médian, pouvait sembler avantageux. Je pouvais me payer une piaule, alors que nombre de mes camarades restaient encore chez leurs parents, faute d'avoir pu trouver un job suffisamment rémunéré pour obtenir un logement. De fait, l'écrasante majorité de mes amis, dont tous avaient au moins un bac + 5, étaient en galère. Et la claque du Covid n'avait fait que conforter un phénomène déjà bien en place : celui de la paupérisation globale et du chômage de masse.

La « start-up nation » n'avait pas vraiment eu les effets escomptés. En dehors de quelques branleurs qui montaient des projets vaseux grâce au pognon de la Banque publique d'investissement, les jeunes diplômés français rencontraient des difficultés toujours plus grandes, ne serait-ce que pour maintenir le niveau social de leurs parents. En réalité, pour la plupart d'entre nous, l'enjeu était avant tout d'éviter la déchéance totale, rien de plus. Et la lutte se concentrait sur un objectif extrêmement précis : accéder à un logement et, si possible, le garder. Tel était l'horizon indépassable de la jeunesse des temps modernes.

Si la France occupait une place de choix dans le palmarès des patries les plus déclinantes, un grand nombre d'autres nations rencontraient des difficultés du même type, à commencer par nos voisins européens qui, pour certains, étaient devenus des pays en développement. Le concept avait quelque chose d'inédit. De ce que je me rappelais de mes cours de géo du lycée, on tombait généralement dans l'une des trois catégories : « moins avancé », « développé » ou « en développement ». Mais à ce que je sache, la catégorie « pays en développement anciennement développé » ne figurait pas au programme. C'était pourtant bien ce qu'il se passait, et que ma génération vivait en temps réel, à un rythme qui s'accélérait chaque année.

Avant ce périple normand, je me posais déjà beaucoup de questions sur le sens – et même la rationalité – de la vie que j'essayais de mener à Paris. Mes parents avaient connu autre chose, en particulier une période où celui ou celle qui faisait des études supérieures obtenait d'emblée un important avantage comparatif. Désormais, tout le monde avait un master ; donc, ça ne valait plus rien sur le marché. Ou, plus exactement, c'était devenu une condition minimale pour obtenir un travail, fût-ce un job très peu rémunéré. Alors on ne faisait pas les malins, la précarité nous pendait au nez en permanence, même pour les plus volontaires d'entre nous.

J'avais la sensation que ma classe d'âge fournissait des efforts de plus en plus intenses en menant des études longues et coûteuses, avec de surcroît une violente pression sociale, pour des résultats de moins en moins palpables. On se battait littéralement pour décrocher un putain de stage payé cinq cents balles par mois ou un rudimentaire CDD. Et lorsque, par miracle, on parvenait à décrocher le Graal – un contrat à durée indéterminée –, c'est le logement qui devenait impossible à trouver. Mais le périple ne s'arrêtait pas là, même quand on arrivait à se hisser jusqu'à ce statut, on se retrouvait dans un quartier poubelle avec des rats et des détritus comme voisins. Notre dignité en prenait un sacré coup. Notre honneur aussi. Nos rêves, eux, s'autodétruisaient.

Le quotidien n'était pourtant pas horrible, et Paris restait Paris, avec son lot de cafés, de cinémas et de places pavées. Mais c'était un fragment, une sorte de version sans cesse dégradée d'une ville qui s'éteignait peu à peu, au rythme des confinements et des déconfinements – la capitale n'excitait plus grand monde, pas même les Parisiens.

Le Covid avait rendu l'atmosphère encore plus moche et pesante qu'auparavant mais la pandémie n'expliquait pas tout. Et Paris n'était que la tête d'épingle d'un phénomène plus large : celui de la lente mort de notre modèle de civilisation. J'en étais absolument convaincu. Alors, malgré les panneaux et les pancartes que certains de mes congénères brandissaient vaillamment, de temps à autre, autour de la place de l'Opéra, pour dénoncer l'inaction des gouvernants au sujet du changement climatique, je n'espérais plus grand-chose.

De fait, la transition écologique n'avait rien d'évident et portait en elle de tels bouleversements de nos modes de vie qu'elle effrayait les gens, à commencer par moi. Pourtant, je ne vouais pas une passion à la consommation frénétique ; j'achetais des fringues une fois par an tout au plus, je n'avais pas de bagnole et je mangeais relativement peu de viande. Mais les aspirations qui m'avaient été inculquées depuis le collège incluaient tout de même le fait de pouvoir se loger décemment, se divertir un minimum et se déplacer de temps en temps. Mais même Netflix polluait, paraît-il, en raison de l'importante bande passante requise pour diffuser les contenus. Rien ne nous était épargné.

Quel était ce monde que je fuyais ? Où était ma place, dans cette société qui s'écroulait ?

Dans mon entourage, seul mon meilleur pote Simon semblait encore optimiste. Avant mon départ, je lui avais rendu visite. Il m'avait parlé d'un projet de start-up qu'il était en train de monter avec deux autres jeunes, et qui avait pour but de faciliter la recherche d'entrepôts en « b to b » – c'est-à-dire entre professionnels. « Je sais, c'est pas hyper-sexy, mais ça démarre super-bien ! » avait-il précisé.

Simon se passionnait pour les nouvelles technologies. Pour lui, l'avenir n'était pas dans une possible transformation numérique du monde – qu'on avait le droit d'aimer ou non –, c'était la seule issue possible.

« Aujourd'hui, les seuls trucs qui marchent en biz, c'est les SaaS.

– C'est les boîtes de logiciels, non ?

– Ouais, si tu veux, c'est *software as a service*, mais c'est plutôt l'idée de plateforme, derrière. Pour professionnels. Et donc d'une infinité d'utilisateurs, sans accroissement des coûts variables, tu vois.

– Google.

– Ouais, en gros c'est ça, ce qu'on appelle la scalabilité, tu sais. Le fait de pouvoir se développer sans avoir besoin d'augmenter les ressources, en dehors des serveurs et de certaines dépenses, bien sûr.

– J'ai entendu parler de ce concept dans les vidéos que tu m'avais envoyées, d'Oussama quelque chose. Je sais plus…

– Ah mais ouais ! Oussama Ammar ! Le frère. Trop fort que tu connaisses ça.

– J'ai regardé vite fait, je trouvais ça intéressant mais assez flippant, quand même. Vu que ça va simplement détruire tous les emplois, ces plateformes.

– Pas faux… Je sais plus où j'ai lu ça, mais il paraît que, lorsque Amazon crée un emploi, elle en détruit style dix fois plus au même moment. »

J'étais loin de maîtriser aussi bien que lui la « scalabilité », mais la notion me semblait centrale pour comprendre ce qu'il se passait autour de moi, surtout depuis la crise du Covid. Je sentais, et d'ailleurs tout le monde le sentait, que deux modèles étaient en train de s'affronter, celui du monde physique d'un côté, celui des plateformes de l'autre. Et la question de la finitude des ressources, a priori éloignée du problème, constituait en réalité le cœur atomique de l'affrontement. Un affrontement bestial.

Une plateforme pouvait créer de la valeur, en tout cas au sens monétaire, sans occasionner une hausse des coûts variables. Ainsi, Google augmentait sans cesse son nombre de clients sans faire d'investissements supplémentaires – en vendant du service de Cloud, par exemple, ou des publicités aux annonceurs sur le moteur de recherche. La puissance de la tech résidait dans son extrême économie de moyens, alors qu'un commerce traditionnel supposait de lourds investissements pour pouvoir fournir des produits ou des services. Un constructeur automobile devait forcément créer de nouvelles usines en cas d'explosion de la demande de voitures, de la même manière qu'un cabinet de conseil était contraint d'embaucher en masse face à une augmentation importante des missions qu'on lui commandait. C'étaient des structures par nature finies, et fortement contraintes. Puisqu'elles reposaient in fine sur la force humaine.

Les entreprises scalables, y compris les GAFA, s'engouffraient donc dans une brèche ouverte par la finitude des ressources et les conséquences qu'elle avait sur le modèle économique mondial. Ces boîtes ne créaient pas le mal, mais elles en tiraient profit, avec un modèle radicalement adapté à la situation.

Sauf qu'il y avait un hic : le stock d'emplois ne cessait de diminuer. La start-up nation revêtait indubitablement des aspects sympathiques, mais créait au passage un chaos humain d'une ampleur dévastatrice. Il fallait s'attendre à un écroulement social généralisé. En la matière, le Covid ne changeait pas vraiment la donne, il se contentait de la faire apparaître aux yeux de tous. L'épidémie fonctionnait comme des lunettes sur le monde.

Simon et moi étions partis nous balader dans les environs. C'était le début de l'été et une certaine normalité avait repris son cours dans la capitale.

« Mais ton délire de woofing, c'est temporaire, rassure-moi ?

– Oui, je pense. J'vais pas m'improviser agriculteur comme ça ! Cela dit, ça m'a fait tellement un choc, le confinement, de me retrouver comme un con dans ma chambre à travailler douze heures par jour sur mon laptop, que j'ai voulu réagir.

– Ah d'accord, c'est à ce moment-là que t'as réservé, je comprends mieux.

– Ouais, vers avril, je crois, quand ça commençait à se prolonger. Le boulot battait déjà un peu de l'aile et je pétais un câble à plus voir personne de la journée. Je me branlais trois fois par jour. Je me sentais mort l'essentiel du temps.

– Tu m'étonnes… Et niveau cul, justement, ça donne quoi ? Moi c'est asséché, t'imagines pas.

– La même. Peut-être que je trouverai des opportunités sur place, qui sait !

– Ouais, faut être motivé, je t'avoue que j'me verrais pas aller m'enterrer en Bretagne.

– C'est en Normandie, dans le Cotentin.

– Ouais, peu importe. »

Nous passâmes près d'un square fermé en raison des restrictions sanitaires. Des mômes de cinq ou six ans jouaient au ballon avec leurs parents dans une rue qui n'était même pas coupée aux voitures. « Ah, j'pensais que c'était ouvert, on aurait pu se poser, quelle angoisse ! » se plaignit Simon. Nous avions l'habitude de nous balader dans des parcs pour nous raconter nos vies. L'exercice durait parfois des heures et nous donnait l'occasion de passer en revue à peu près tout ce qu'il pouvait y avoir de notable dans l'existence de jeunes adultes de notre genre. Le souvenir encore frais des études, le début forcément décevant de l'activité professionnelle, les filles, la drogue, et bien sûr, la politique.

Nous n'étions pas vraiment engagés mais les questions de société nous concernaient forcément, quelle que soit la position qu'on occupait socialement. On avait déjà connu, à différents degrés, des événements hautement traumatisants : la crise de 2008, qui avait entraîné l'Europe dans un marasme de plusieurs années, les attentats islamistes, en particulier ceux de 2015 et de 2016, qui avaient transformé à jamais la douceur de vivre, la crise des Gilets jaunes, et désormais l'effroyable Covid.

On dit parfois que c'est sur les terres brûlées que poussent les plus belles fleurs. L'insécurité permanente – qu'elle soit économique, sociale, écologique ou même carrément physique – n'était pourtant pas notre tasse de thé. On aurait préféré vivre dans les années 70, dans l'ambiance que les films d'Yves Robert dépeignent avec fraîcheur. On était nostalgiques d'une période qu'on n'avait pas connue.

Malgré tout, Simon donnait toujours des gages de bonne humeur au début de nos rendez-vous. Il prenait des stimulants, à l'évidence, et surtout, l'exercice de monstration de la joie avait sur lui des vertus performatives : s'il donnait l'impression d'aller bien, alors il devait se dire que c'était effectivement le cas. Mais en cette fin d'après-midi, alors que nous arrivions près de l'Hôtel de Ville, je sentais qu'il vivait, lui aussi, une forme de drame intérieur.

« J'ai pas eu de relation depuis des mois. Je vois presque personne, en dehors des collègues. Je sors pas. J'ai des écrans dans la gueule du matin au soir, et ce pays n'a objectivement aucune perspective. Même pour les plus diplômés. On est devenus une province à l'échelle du monde, j'le vois bien, en discutant avec les VC.

– Les VC ?

– Ouais, pardon, les investisseurs (*venture capitalists*). Et ouais, j'me rends compte que ça va être de plus en plus compliqué de survivre. Même dans mon domaine, t'imagines ! On avait déjà tellement de handicaps avant la crise, laisse tomber, on va jamais s'en remettre. J'pourrai jamais acheter d'appart, à la rigueur si j'me démerde pas trop mal je pourrai prendre un truc en banlieue… Mais après tous ces efforts, ça me saoule d'acheter un deux-pièces à Bagnolet. Autant se flinguer.

– Tu m'as l'air bien déprimé, dis donc…

– Ouais, on fait aller, au quotidien, mais c'est tellement anxiogène. Un jour, t'arrives à te rebooster, tu vois des gens intéressants, t'as des projets, et bim ! T'apprends que tel truc va peut-être se faire interdire, ou que les frontières vont se refermer. C'est horrible l'effet que ça a sur le moral. J'ai l'impression qu'on me frappe les tibias avec des barres de fer.

– Entièrement d'accord, mais le problème, c'est que c'est à peu près partout pareil.

– Plus ou moins. C'est clair que j'irai pas en Espagne ou en Italie. Eux, ils vont se liquéfier littéralement. Et nous, la dette va nous esclavagiser jusqu'à notre mort, c'est pas compliqué. Alors peut-être la Suisse, je sais pas. Ça doit pas être hyper-fun, mais au moins, c'est une planque, avant de pouvoir rebondir sur autre chose. J'ai pas envie de finir en me jetant de mon balcon. On a encore rien vu de la *life*, bordel. »

J'avais décidé d'aller faire un tour à Cherbourg, en stop. L'ambiance à la baraque était de plus en plus lourde et j'avais furieusement envie de changer de décor. Le problème, c'est qu'avec la saloperie de Covid, les vacances d'été avaient été improvisées pour la plupart des Français, et dans bien des cas, supprimées. Alors j'étais plus ou moins bloqué dans ce Cotentin, sauf à vouloir faire totalement une croix sur la parenthèse estivale.

Cherbourg avait beau être terne de nature en raison du climat et de la laideur inexprimable de ses zones industrielles, le centre commercial des Eleis remportait la palme haut la main. C'était un bâtiment gris tout en longueur situé au cœur de la ville, près du port, qui ressemblait à une sorte de gigantesque container. On avait voulu, j'imagine, rappeler la vocation maritime et marchande du lieu, ce qui pouvait s'entendre. Sauf qu'on avait oublié un détail : l'objet écrasait le paysage, à un point qui donnait des envies de suicide.

Autant je pouvais apprécier l'architecture inédite de villes comme Le Havre, autant j'accrochais mal à l'esthétique des supermarchés, surtout lorsqu'ils souffraient d'une telle démesure. Le machin en tôle abritait un nombre invraisemblable de parkings, répartis sur plusieurs niveaux, lesquels se trouvaient, selon l'aveu même d'Alex, « presque vides l'essentiel de l'année ». J'ignorais quel était le pauvre type qui avait initié le projet de départ – car il y en avait forcément un, à l'origine –, mais il aurait bien mérité qu'on le traduise en justice. Tant l'édifice massacrait la vue. On ne prenait pas assez au sérieux la violence innommable de la pollution visuelle.

Avec le Covid, et le premier confinement, l'intérieur du lieu avait été, comme si cela ne suffisait pas, presque désintégré. Il y avait pourtant des traces d'anciennes boutiques, et d'anciens restaurants, mais la plupart avaient dû mettre la clé sous la porte, après avoir été taxés de « non essentiels » par le gouvernement macronien en déroute. La zone devait déjà sentir la mort ; elle sentait désormais la cendre.

Quelques irréductibles avaient réussi on ne sait comment à survivre, à coups de reports de charges et d'éphémères subventions. Il y avait un resto chinois, long comme deux terrains de tennis, qui proposait des menus à moins de dix euros ; un magasin de jeux vidéo qui, à voir l'attroupement à l'intérieur, semblait profiter du besoin d'abrutissement des gens, et bien sûr, l'hypermarché Carrefour qui occupait triomphalement près de la moitié du centre. On était dans le monde nouveau, version apocalypse.

J'avais fait la connaissance d'une nana, sur le chemin. Une femme d'âge mûr aux traits creusés qui semblait vaguement paumée.

Elle m'avait demandé un ticket-restaurant, au moment où j'avais remarqué un foulard Hermès autour de son cou.

Tout taché. C'était censé encourager les bagnoles à s'arrêter – les gens sont toujours rassurés par l'argent et les signes extérieurs de richesse. La pauvreté n'est pas seulement un repoussoir, elle fait peur.

« Qu'est-ce qui vous est arrivé ? » dis-je d'un ton gêné. Elle n'avait pas l'air d'être une SDF.

« Vous savez, personne n'est à l'abri, même pas vous ! me lança-t-elle en pointant son doigt vers moi d'un air menaçant, alors qu'un flot de bagnoles passaient près de nous sans qu'une seule s'arrête.

– Oh, je sais bien, madame, moi-même je suis en chômage partiel, et la boîte où je travaille se casse la gueule…

– Pauvre jeunesse… Si j'avais imaginé vivre ça un jour ! »

Je n'entendais pas distinctement toutes ses paroles à cause du bruit des moteurs.

« Mais que s'est-il passé pour vous, si ce n'est pas indiscret ?

– Comme pour tous les petits commerces, voilà ! La corde ! La corde ! »

Je ne savais pas quoi dire.

« Oh, vous savez, faut pas prendre cet air désolé, vous n'y êtes pour rien, d'ailleurs personne n'y est pour rien. Si on avait pas ruiné notre planète qu'on tue chaque jour à p'tit feu, on n'aurait jamais eu la pandémie ! »

On partit s'asseoir sur un banc près d'un arrêt de bus désaffecté. Elle avait envie de parler. Moi, de l'écouter. De toute façon, aucun véhicule ne voulait nous prendre.

« Je regardais une vidéo d'un chercheur, l'autre jour, Benjamin Roche, je crois, qui expliquait que c'était l'activité humaine et la déforestation qui avaient conduit à l'apparition du virus. Tout ça est lié, mais personne veut l'entendre ! Le Covid n'est pas sorti de nulle part !

– Vous parlez du pangolin ?

– Mais pas seulement, ça, on n'en sait rien, mais on construit, on bétonne, on fait marcher les machines en se rapprochant sans arrêt des animaux sauvages, alors après on s'étonne ! Chaque fois, ce sont des maladies animales qui se sont adaptées à l'homme. On a eu Ebola, la grippe aviaire, maintenant le Covid-19, et qu'est-ce qu'on fait ? Hein ? On subventionne l'aérien et on développe les mines de tantale. Et après, ça nous retombe dessus. Nous, les petits. On est le dernier maillon de la chaîne, on s'en prend plein la gueule.

– Vous aviez un commerce de vêtements ?

– Vêtements et souvenirs, oui, dans l'hyper-centre.

– Et les exonérations de loyer n'ont pas suffi, j'imagine ?

– Ah mais si, au début ! Mais j'avais déjà des arriérés, et ma maison était hypothéquée, alors je ne pouvais pas me permettre de ne plus me payer. Donc j'ai tout vendu, j'ai soldé mes dettes ! Tout est en règle, maintenant ! TOUT ! Mais je suis en train de crever.

– Ne dites pas ça, vous avez bien des aides ?

– Des aides ?! Ah pour ça, la France, elle sait faire ! Donner des aides ! Mais on veut du boulot, bordel de merde ! Ça fait quarante ans qu'y a un chômage de masse, on a tout délocalisé, tout dilapidé, et maintenant faut se serrer la ceinture. À quoi ça sert, puisqu'on est déjà morts ? »

Elle me confia qu'après avoir soldé ses dettes au fisc, à l'URSSAF et à la banque, il ne lui restait que quelques milliers d'euros. La maison qu'elle avait achetée une quinzaine d'années auparavant n'avait pas pris de valeur, sa vente ne lui avait donc pas permis de préserver un capital après l'opération. Alors elle s'était retrouvée à la rue. Et comme elle n'avait pas eu le courage d'avouer à ses proches sa situation, la plupart l'ignoraient. Quant aux hébergements d'urgence censés accueillir des personnes comme elle, ils étaient tous pleins.

Cette femme, qui s'appelait Marie-Hélène, avait faim. J'avais beau vivre dans un quartier populaire proche du périphérique, et être moi-même de condition tout à fait modeste, je n'avais jamais expérimenté ça. Le summum de l'humiliation, de la déchéance, de l'exclusion : avoir faim.

Bien sûr, elle avait sans doute droit au RSA, et à des aides associatives diverses, mais la vie est chère, pour les SDF.

« Les gens ne savent pas qu'il y a une sorte de double peine pour nous. Parce que évidemment, quand on a un toit, on peut se faire du riz et des patates toute l'année, dans l'absolu. Et on peut survivre pour deux euros par jour. Mais quand on est à la rue, on va pas s'amuser à mettre un réchaud en plein milieu d'un parc, alors on se rabat souvent sur des saloperies à emporter, style des sandwichs triangles. Et en plus de ne pas nous rassasier, ça coûte super-cher. Et comme on veut éviter de se suicider, bah c'est vrai, on picole un peu, parfois. C'est comme une espèce de tunnel, quand tu rentres dedans, tu t'enfonces, tu t'enfonces, et tu ne vois jamais la sortie. »

J'avais du mal à ne pas chialer. Mais ce n'était pas moi qui étais à plaindre. En la regardant parler, son foulard toujours bien serré autour du cou, je réalisais qu'elle ne se battait pas seulement pour vivre, ou pour survivre, mais pour conserver sa dignité. Et je n'arrivais pas à l'expliquer, mais je sentais que le fait d'être *une femme*, et vieille, enfonçait le clou et condamnait à un oubli social définitif. Qu'y avait-il de plus méprisé qu'*une vieille femme pauvre* dans notre modèle occidental dégénéré qui combinait le jeunisme, le sexisme et le mépris de classe ?

L'analyse de Marie-Hélène sur la pandémie était stimulante et même rafraîchissante, car elle ne tombait dans aucune caricature – comme je le craignais au départ. D'un côté, elle déplorait le caractère arbitraire et brutal des restrictions et du confinement généralisé qui, de fait, profitait aux plus gros acteurs économiques, mais elle ne sombrait jamais dans la tentation conspirationniste primaire : elle n'était pas hostile au port du masque, comprenait même tout à fait la fermeture des restos et cafés où la contamination se faisait plus facilement, et avait conscience que les hôpitaux étaient soumis à des tensions extrêmes pour accueillir les malades. Tout cela n'était pas sujet à débat. Ce qu'elle reprochait aux gouvernants, c'était d'ignorer l'origine réelle du problème – l'agriculture intensive, notamment – et de faire payer les conséquences de leurs erreurs aux petits, qui n'avaient d'autre choix que de la fermer, et d'obéir. Le ton « martial et agressif » qu'adoptaient certains membres du gouvernement français était selon elle « insoutenable », « méprisant » et « autoritaire ». La crispation dans le pays était en effet de plus en plus palpable, et c'était en partie pour cette raison que j'avais voulu me mettre au vert.

Marie-Hélène en savait un rayon sur les questions de réchauffement climatique et d'écologie en général et continuait à suivre les dossiers liés à la planète. Même en étant SDF. « C'est la question la plus urgente du moment, et ça me permet aussi de tenir, le soir, quand je vais dormir dans ma voiture. » Ce jour-là, elle devait aller récupérer son antique Polo chez le garagiste, qui avait eu besoin de plusieurs réparations – c'est pour cette raison qu'elle faisait du stop. « Bon, avec ça, j'ai vraiment plus un rond de côté, mais au moins, j'ai un toit ! Enfin, c'est tout comme… »

Elle lisait beaucoup la presse locale qui mettait en avant « les signaux faibles », davantage que les médias nationaux, et s'intéressait en particulier aux éoliennes et à certains phénomènes inquiétants qui avaient provoqué des maladies, tant chez des éleveurs que chez des animaux.

Il y avait notamment un débat régulier sur les terres rares, des types de métaux massivement utilisés dans des objets aussi divers que les téléphones portables, les ordinateurs, les voitures ou encore, précisément, les éoliennes. Une association avait mis en évidence la présence de substances toxiques à fortes doses dans les cheveux d'enfants, en Loire-Atlantique, qui avaient développé des cancers – en tout, pas moins de vingt-deux depuis 2015. Outre ces terres rares, du mercure et du plomb avaient été retrouvés, même si les investigations n'étaient pas encore terminées. D'après ce qu'avait lu Marie-Hélène, de telles concentrations de pesticides, de perturbateurs endocriniens et de radon ne pouvaient qu'être liées à une présence dans l'environnement. D'autant que les éoliennes, avec la production de champs électromagnétiques puissants, pouvaient également avoir participé à un effet cocktail auprès des enfants.

Le phénomène de pollution concernait aussi des élevages de vaches. En particulier dans le Cotentin.

Au bout de près d'une heure d'attente, une voiture s'arrêta enfin.

Marie-Hélène était descendue un peu avant moi de la voiture qui nous avait gentiment pris en stop ; elle devait rejoindre la zone industrielle où se trouvait son garagiste. Le conducteur me déposa au niveau du port, tout près du centre commercial.

Je m'étais attablé à une sorte de café-bar situé dans un coin abandonné des Eleis, entre deux locaux désaffectés. Les anciens panneaux affichaient les noms des enseignes qui avaient dû baisser le rideau : une animalerie et un centre de remise en forme. Il n'y avait de toute façon plus besoin de payer un abonnement à une salle de sport, depuis qu'Apple avait lancé son service de fitness pour un peu moins de dix balles par mois. On avait désormais la joie de pouvoir brûler sa graisse les yeux rivés sur un écran plat qui devait être le plus grand possible. Et pour les accessoires animaliers, une maîtrise suffisamment habile d'Amazon couplé au Bon Coin pouvait satisfaire tous les besoins de nos chers compagnons. Le monde physique sonnait déjà si old school.

Le café n'avait théoriquement plus la possibilité de me

laisser m'attabler. Après avoir retiré toutes les tables de l'intérieur, il avait souhaité se concentrer sur les ventes à emporter pour lisser son chiffre d'affaires – et en passant, pour moins se faire chier avec le service en salle. Mais face à mon insistance, un jeune de l'équipe me sortit une chaise de l'arrière-boutique pour m'octroyer le privilège de pouvoir siroter ma boisson tranquille.

Même si on pense que ce n'est qu'accessoire, pouvoir s'asseoir dans un lieu anonyme pour boire un truc constitue une composante essentielle du mode de vie moderne. Comme tous les Français, et une grande partie de l'humanité, j'y étais attaché. C'est l'un des rares moments où l'on peut se détendre sans dépenser des fortunes, et jouir de la vie sociale de manière un peu moins oppressante et désagréable que dans le métro ou sur les trottoirs. Les cafés ne sont que des lieux qui servent des boissons, mais en réalité, ils maintiennent un lien social minimal, qui contribue à freiner la haine et l'agressivité entre les gens. La santé d'une société repose finalement sur pas grand-chose.

Toutes les cinq minutes, une voix nous rappelait à l'ordre dans les haut-parleurs du centre : « Attention Covid-19. Nous vous demandons de bien vouloir respecter les gestes de distanciation et de conserver votre masque à l'intérieur du centre. Merci de votre compréhension. » Le message était ensuite prononcé en anglais, en espagnol et en allemand, pour ne vraiment oublier personne. Le système devait être fier de son dispositif.

L'ambiance était assez angoissante. Contrairement à un centre commercial normal, on n'entendait aucune musique à l'intérieur de l'enceinte, comme si le son, lui aussi, allait intensifier la propagation de l'épidémie. Peut-être était-ce une directive officielle. Les clients eux-mêmes, en tout cas les personnes qui se baladaient dans les allées, donnaient l'impression de murmurer ; l'effet se voyait accentué par le port du masque ou des visières qui avaient de puissantes qualités d'isolation. Le silence régnait.

L'expérience épidémique nous faisait vivre comme sous un casque antibruit, ce qui créait une atmosphère étrange, éloignée de toute réalité commune. J'avais déjà fréquenté des zones peu bruyantes, par exemple à l'occasion de vacances dans les Pyrénées, mais la situation était bien différente : même en pleine nature, on continuait à entendre le bruit des ruisseaux, des oiseaux, du vent qui frappait la végétation, ou simplement de la pluie qui tombait. Dans la période présente, on vivait pour l'essentiel à l'intérieur, ce qui éliminait d'emblée une grande partie des sons extérieurs. Et les humains, eux, ne pipaient plus.

Cette extinction vitale imposée avait des vertus calmantes indiscutables, mais elle était si éloignée de la dimension sociale de l'être humain qu'elle me semblait préparer des drames à venir. C'était une sorte de bride générale qui en endormait certains tout en amplifiant la colère des autres. On pouvait le voir dans le regard des passants : certains apparaissaient nettement apaisés par la situation, quand d'autres affichaient des regards noirs, qui annonçaient déjà la couleur, la couleur sombre de l'après-Covid.

Le confinement avait été levé, mais on parlait déjà d'une deuxième vague avec, à la clé, un possible reconfinement des populations. Alors on avait l'impression que tout le monde était en sursis, un peu comme des prisonniers en permission : libres, mais de façon étroitement surveillée.

C'est précisément cet entre-deux, cette liberté conditionnelle, qui était le plus pénible à vivre à certains égards. L'homme a d'immenses capacités d'adaptation, et une résilience bien supérieure à ce qu'on peut imaginer, mais il ne comprend pas les signaux partiels, les déconfinements partiels, les autorisations partielles. Ou, plus exactement, il arrive à *comprendre*, car le peuple n'est pas débile, mais l'exercice de la liberté supporte mal, même très mal, la demi-mesure. « Interdit » est un mot facile à intégrer, de même qu'« autorisé ». Toutes les nuances entre les deux provoquent chez l'homme un sentiment d'énervement, et de profondes frustrations.

La situation me faisait penser à celle d'un saut en parachute, ou d'un plongeon d'une falaise : « Tu sautes ? » Il n'y a aucune bonne réponse entre oui et non. L'erreur, c'est-à-dire le moment où un accident peut arriver, c'est exactement dans l'entre-deux, dans l'hésitation, dans la nuance.

Le sentiment d'infantilisation se situait précisément dans cette faille : une part majoritaire du peuple se soumettait volontiers aux interdictions, dans la mesure où celles-ci se justifiaient et faisaient de surcroît l'objet d'un certain consensus scientifique. Mais le caractère partiel des restrictions comportait des caractéristiques humiliantes, presque dégradantes, pour tout un chacun : « Vous pouvez sortir, mais pas au-delà de un kilomètre » ; « Vous pouvez aller au supermarché, mais pas chez le libraire » ; « Vous pouvez vous rendre dans une église, mais pas dans un restaurant. » On comprenait bien que tous les fonctionnaires et les politiques étaient à pied d'œuvre pour imaginer une sorte de moindre mal, mais c'était souvent contreproductif. En réalité, une masse importante de décideurs et de commentateurs en tout genre avaient fait l'impasse sur une dimension somme toute indépassable de l'homme : la préservation de sa dignité.

Après avoir bu un deuxième café allongé, je me mis à errer dans les couloirs du centre commercial, sans but précis.

Je passais et repassais devant les mêmes boutiques, les mêmes bancs, les mêmes vendeurs qui attendaient les rares clients. Certains m'avaient remarqué et se demandaient si j'étais un SDF, ou une sorte de marginal. La jeunesse de mon apparence n'enlevait rien à la probabilité d'une telle condition : il n'y avait plus d'âge pour se retrouver à la rue. La crise que nous vivions avait eu beau tout chambouler, dans nos mœurs et nos modes de vie, une institution restait plus que jamais intacte : l'argent. De ce point de vue, aucun repère connu, aucune situation, aucun mécanisme n'avait été véritablement altéré par la claque covidaire.

Je m'approchai de la sortie du centre avec l'intention d'aller faire un tour vers le port, mais lorsque j'arrivai au niveau des grandes baies vitrées, il se mit à pleuvoir. Une pluie diluvienne.

En quelques minutes, plusieurs autres personnes s'étaient approchées de moi, tout près des portes automatiques, de façon à pouvoir partir rapidement sans pour autant déclencher le détecteur de présence qui activait le mécanisme. Tous les regards étaient scotchés sur l'horizon. Même les groupes s'étaient arrêtés de parler, comme si la pluie leur avait brutalement ordonné de la fermer.

Au loin, on apercevait les bateaux de pêcheurs qui manœuvraient et des passants qui couraient pour aller s'abriter. Les mouettes elles-mêmes semblaient désorientées et s'agitaient dans le ciel comme des animaux attaqués. C'était une beauté macabre.

La scène dura près de dix minutes, sans que personne ne bouge. Sans presque un seul mot. Et lorsque le torrent commença à diminuer en intensité, tout le monde sortit en l'espace de quelques secondes.

Comme des automates.

Iris et moi avions passé la totalité de la matinée à nettoyer le clapier du fond du jardin. Les petites bêtes avaient beau être adorables et inoffensives, l'opération n'en avait pas moins été pénible malgré le temps estival, la légère brise qui frappait nos épaules et l'équipement adéquat qui nous avait été prêté par Alex pour ne pas nous salir. Pour une fois qu'il se montrait bienveillant envers nous.

Lorsqu'il n'est pas domestiqué, l'animal redevient – il fallait s'y attendre – un simple animal. Et non une sorte de peluche parfumée qu'on peut s'enrouler autour du cou, sur un canapé, devant une bonne série Netflix. À la campagne, les bêtes ont une utilité précisément définie : produire du lait, pondre des œufs ou être bouffées. La poésie urbano-médiatique à *La Petite Maison dans la prairie* s'évanouit rapidement, lorsqu'il s'agit d'enlever toutes les crottes dans les cages en manquant de s'étouffer avec les sacs de fourrage.

Les poules ont quelque chose de plus simple, ou de moins désagréable, mais présentent un net inconvénient par rapport aux lapins : elles gueulent et se montrent parfois colériques en vous piquant les mains sans raison. Iris ne les appréciait guère et avait même manqué d'en assassiner une avec une pierre après que celle-ci lui avait touché la joue. Elle avait cru « mourir », selon ses dires. Il n'existait pas ce genre de risque sur YouTube.

Alex passait plus de temps à se foutre de notre gueule qu'à nous expliquer comment nous y prendre, et lorsqu'il revenait de la si confidentielle traite, il se postait sur la terrasse en nous regardant galérer. Il avait sans doute confondu le principe du woofing avec celui d'un entraînement militaire, ou d'une mission d'intérêt général. Sale type.

Le déjeuner restait toutefois un moment relativement sympathique, où les tensions disparaissaient un peu avec l'aide, systématique, de l'alcool. Comme à l'adolescence, on utilisait le pinard et les cocktails maison pour se désinhiber et, s'agissant de notre hôte, pour se dérider.

En apparence, Alex nous ressemblait, à Iris et moi : il passait les deux tiers de son temps éveillé sur les réseaux, était abonné à toutes les plateformes, même les plus avant-gardistes, et il s'habillait comme n'importe quel mec de son âge. C'est-à-dire avec du streetwear de moyenne gamme. Ce qui faisait de lui un personnage plus singulier, c'était indubitablement son côté rustre. Ours, aurait dit ma mère. Mufle, aurait surenchéri ma pote Agathe. J'essayais de m'interdire d'avoir des stéréotypes aussi rapides, mais il était quand même nettement plus chiant et tatillon que la moyenne des gens de sa génération.

Chaque détail anodin de sa vie quotidienne était pensé et calibré. Le pot de moutarde se rangeait à un certain endroit, et « surtout pas dans le frigo » – alors que l'inverse était marqué sur l'étiquette –, les assiettes devaient être placées selon un certain angle dans le lave-vaisselle, sous peine de susciter un drame, la télécommande de l'écran plat occupait elle aussi une place précise, sur l'étage inférieur de la table basse, les chaussures devaient systématiquement être retirées et rangées à un emplacement idoine, quand bien même elles étaient sèches et propres, et en dehors de notre chambre, où Alex n'avait pas l'outrecuidance de s'aventurer, on n'avait le droit de rien faire.

Un matin, j'avais failli me battre avec lui après qu'il m'avait injurié parce que j'avais laissé des gouttes d'eau autour de la baignoire dans la salle de bains du haut. Je m'étais pourtant montré extrêmement prudent et, connaissant le bonhomme, j'avais fait couler un étroit filet d'eau pour ne pas avoir à subir de remarques de sa part. Mais le gars patrouillait dans les couloirs et inspectait la zone à l'issue de chaque douche et de chaque brossage de dents, au cas où Iris ou moi aurions déclenché une inondation.

Il avait à peine vingt-cinq ans, et déjà l'âme d'un retraité.

«Je te dérange pas ? demandai-je à Iris en entrebâillant sa porte.

– Pas du tout, au contraire, pose-toi. J'me suis roulé un bédo. »

Elle s'était installée dans sa chambre sur une sorte de transat qu'elle avait dû piquer dans le jardin. Pour empêcher le soleil de réchauffer la pièce, les volets étaient en partie fermés et ne laissaient passer qu'une faible lumière. Il faut dire qu'il faisait chaud, mon léger débardeur me collait à la peau.

Iris prenait des notes sur son iPad en vue de la première vidéo YouTube qu'elle comptait bientôt enregistrer. Elle voulait immédiatement se démarquer de ses concurrents – « pour ne pas se faire baiser par l'algorithme » – en combinant humour et sujets sérieux. Persuadée qu'il y avait un créneau intermédiaire entre le côté régressif à la Squeezie et le style plus sérieux d'HugoDécrypte, elle comptait utiliser des sujets d'actualité sans pour autant tomber dans ce qu'elle appelait « le travers journalistique ». Elle cherchait à faire de l'infotainment, d'une certaine façon.

« J'ai bien maté ce qui se faisait en France, et t'as vu, y a des outsiders qu'ont produit des trucs originaux, me dit-elle après avoir tiré une grosse taffe. Genre, sans déconner, les Norman et Cyprien se font doser par Raptor ou même Garcia Diaz, tu trouves pas ?

– Ouais, ça n'a pas de rapport, en fait, les premiers font du mainstream.

– Justement, c'est voué à disparaître, les gens veulent du trash, j'ai l'impression. À gauche, à droite, n'importe où, on s'en bat les couilles d'ailleurs, mais ils veulent du trash. La meuf, Diaz, elle se fait démonétiser masse de vidéos parce qu'elle peut pas s'empêcher de dire “salope” et “grosse bite” à chaque vlog, c'est délirant.

– C'est la nana belge ?

– Ouais, celle qu'a monté Martine Cosmetics. Elle chante aussi, vite fait, et c'est pas fou d'ailleurs, le son de ses vidéos est assez dégueu, elle scénarise pas aussi bien que Léna Situations, mais ça cartonne ! Elle a vraiment un putain de créneau, cette connasse.

– J'pense effectivement que les gens veulent un peu de

sale. On a tellement tout vu, et de toute façon, les gros sont déjà trop bien implantés. Faut aller ailleurs.

– Exactement ! Autant, tu vois, sur Instagram, ça se limite à des photos, la plupart du temps, même si je fais souvent des live, mais l'essentiel de mes abos, ils veulent voir mes boobs. »

Iris postait en effet un grand nombre de photos assez suggestives sur son compte. Pas vraiment vulgaires, puisque la plateforme ne le permettait pas, mais sans pudeur.

« Insta, c'est des chacals. Ils sont tellement dépendants des annonceurs qu'ils censurent le moindre p'tit bout de sein, c'est insupportable.

– Comme YouTube, c'est la même.

– Ouais, c'est la même chiasse, j'crois d'ailleurs que Rihanna s'est fait censurer sur Insta pour ça, y a quelques années.

– Surtout que c'est pour les pires raisons. Pour satisfaire des annonceurs à la culture misogyne.

– Et c'est surtout tellement hypocrite ! Tu peux bouffer du porno en illimité en trois clics, même si t'as huit ans, par contre, le début du commencement d'un sein est prohibé. Quelle blague. Tout ça pour que des marketplaces pourries puissent vendre leurs produits pourris avec “neutralité”.

– Entièrement d'accord ! Mais du coup, ça te gêne pas de devoir jouer à ce jeu en te lançant sur YouTube ? Tu vends ton âme au diable. »

Elle soupira et s'approcha de moi pour me caresser la joue.

« Si, mais je pense qu'il faut agir en deux temps. D'abord

la notoriété, puis tu crées ton espace et t'invites les gens à venir, selon tes propres règles. Mais pour ça, faut d'abord buzzer. »

La maison était calme en cette fin de journée et mes deux comparses faisaient leur sieste journalière. Iris n'avait pas franchement le profil pour s'adonner à ce type d'activité, mais il faut dire qu'avec la chaleur de bœuf et l'alcool qu'on s'envoyait à chaque repas, le corps devenait vite une chose molle et sans vie. Il fallait un rien pour se laisser happer par l'épuisement. On se sentait abattu presque vingt-quatre heures sur vingt-quatre dans cette baraque.

Je tentais pour ma part de garder un peu d'énergie, et si je ne parvenais pas à maintenir mon jogging quotidien, j'essayais au minimum d'aller me balader dans le jardin ou autour de la ferme, pour rester tonique.

Avec le confinement, puis le pseudo-déconfinement, la vie avait chuté en intensité, et on avait l'impression que tout le monde était sous Xanax en permanence. Même les personnes sobres qui bossaient tous les jours. Je croisais souvent des voisins, ou des agriculteurs qui passaient avec leurs tracteurs, et j'étais toujours frappé par l'absence d'émotion sur leur visage. Pas de sourire, ni de colère, ni même de lassitude. Des gens sans expression.

Le Covid et les restrictions historiques qui l'avaient accompagné avaient en quelque sorte dévitalisé la population, qui s'était habituée à vivre seule, ou avec un entourage des plus restreints. Et la mutation ne paraissait pas passagère, c'était une sorte de désocialisation intense, à laquelle on se soumettait sans vraiment l'avoir comprise ni même appréhendée. Le port du masque avait beau être accessoire, et non obligatoire dans certaines situations, la psychose avait été telle, et les morts du Covid si nombreux, que l'objet s'était progressivement imposé dans les existences. Avec la dimension de peur et de méfiance qu'il véhiculait.

Même dans ce trou, on percevait une sorte de suspicion, et pas seulement lorsqu'on allait faire des courses du côté de Cherbourg. Les personnes plus âgées ressentaient une certaine inquiétude et se déplaçaient avec une prudence qu'on ne pouvait qu'approuver, mais les autres n'étaient pas en reste. En dehors des très jeunes, qui se savaient – parfois avec excès – hors de danger, tous les autres avaient intégré le nouveau paradigme qui colonisait désormais notre quotidien. Les réunions familiales ou entre amis étaient limitées ; les voyages se voyaient prohibés ; et un grand nombre de situations pourtant dénuées de risque suscitaient une sorte de méfiance excessive, qui confinait à la paranoïa. Ainsi, même à l'extérieur, en l'absence de tout rassemblement et avec le putain de masque qui nous obstruait la gueule, des gens continuaient à se regarder en chiens de faïence, comme si la mort allait s'abattre sur eux dans la minute. La folie collective emplissait les âmes, et chacun pratiquait l'excès de zèle pour plaire à on ne sait qui.

On avait tellement terrorisé la population que celle-ci avait fini par se conformer : elle était effectivement terrorisée. Certains interprétaient cet état de fait comme un phénomène spécifiquement français. Le peuple de France aurait par nature des difficultés à se discipliner, ce qui avait donc nécessité, au niveau gouvernemental, d'intensifier les fameux « tours de vis » plus que dans d'autres pays. C'était sans doute vrai, la culture française n'était effectivement pas la culture suédoise ou chinoise – Dieu soit loué –, mais en attendant, ces expressions martiales et quasi militaires avaient quelque chose de dégoûtant, tant elles infantilisaient les gens. J'espérais à tout le moins qu'elles portaient en elles, ces invectives, ces injures à la dignité, une robuste efficacité. Car leurs effets collatéraux enflaient chaque jour en réduisant l'espoir de beaucoup de gens à néant.

On prenait ce problème trop à la légère.

Je profitais de mon temps libre pour errer autour du petit bassin situé à une dizaine de mètres de la terrasse où nous prenions les repas. Il semblait avoir autrefois abrité des poissons et autres nénuphars, à voir les larges feuilles qui flottaient encore à la surface et les immondes nains de jardin posés sur les bords, pour décorer.

En m'avançant, je remarquai un grillage de relativement faible hauteur qui avait été installé tout autour, sans doute pour empêcher que des enfants ou des animaux s'y aventurent. Mais en regardant de plus près, je repérai une sorte de petite pancarte plantée directement dans le bassin, avec l'inscription écrite au feutre : « NE PAS FRANCHIR ».

Je me demandais ce qu'il pouvait bien y avoir à protéger, puisqu'il n'y avait de toute façon plus rien, en dehors d'une grande masse d'eau. Sauf à croire que quelqu'un d'assez dingue aurait pu se risquer à enjamber l'installation pour venir dérober des nains de jardin aux traits décolorés par le temps.

Alors que j'allais repartir vers la terrasse pour me faire un café, je réalisai que le bassin n'était pas tout à fait vide, en observant bien. Il y avait, au fond de l'eau, des objets de la taille d'une cigarette qui ressemblaient à des cailloux. En grand nombre. Leur forme était singulière, et paraissait visqueuse.

C'étaient des cadavres de petits poissons. Il y en avait des dizaines.

Après un dîner plus que tendu à la maison, j'avais proposé d'aller en ville pour redynamiser l'ambiance de notre « groupe ». D'humeur toujours bougonne, Alex avait fini par céder à mes demandes insistantes qu'Iris avait appuyées. Il n'aimait pas laisser la ferme sans surveillance et avait toujours peur qu'une des vaches rencontre un problème quelconque.

Nous nous installâmes à la roulette autour de laquelle plusieurs écrans individuels étaient installés ; une place sur deux était laissée vide en raison des exigences sanitaires. Je n'avais jamais joué de cette façon mais le principe semblait le même que celui d'un jeu traditionnel, sauf que le croupier était une sorte de variante électronique. Plus rien ne m'étonnait, depuis que le numérique avait submergé la totalité de la planète.

Alex avait mis en place une stratégie de mise selon les couleurs et les statistiques des chiffres qui sortaient et qui s'affichaient sur un grand écran au-dessus de nous. Sur le chemin, il nous avait confié qu'il venait souvent avec sa mère, qui, armée de son agrég de maths, connaissait quelques trucs bien utiles en la matière.

Iris et moi n'avions tiré que vingt euros chacun, car nous n'avions aucune expérience de jeu. Il m'était arrivé d'aller au casino de Cabourg, lorsque je partais chez un ami dont les parents nous prêtaient de temps en temps leur appart, mais comme la plupart des gens, je ne gagnais jamais. Tout au plus, je récupérais ma mise.

C'était une sorte de vol légal, approuvé – et donc blanchi – par l'État. Le principe avait toujours le don de m'amuser, tant il symbolisait ce qu'était, presque par nature, la puissance publique des temps modernes : une hypocrisie institutionnelle faite d'ordres et de contrordres permanents. Il fallait pourtant y croire, à toute cette méta-culture néolibérale, pour éviter les problèmes – et, accessoirement, pour ne pas devenir fou.

La mise minimale était de un euro, et tout pouvait se programmer sur l'écran durant le laps de temps imparti. Iris misait plutôt sur une couleur, alors que moi, au demeurant sans réflexion aucune, je préférais miser sur des intersections de numéros répartis aléatoirement. Mon jeu ressemblait à une sorte de constellation totalement hasardeuse, mais qui limitait la prise de risque, apparemment. Cela revenait sans doute à miser sur une couleur, sur le plan statistique, mais c'était nettement plus drôle à faire.

« Ah putain, saleté de bille de merde, ça fait trois fois que je me loupe », lança Iris en prenant une gorgée de son gin tonic.

Alex était pour sa part ultra-concentré et paraissait plus antipathique que jamais, avec ses cheveux frisés en bataille et son air de dépressif. D'ailleurs, il ne m'adressait pas un regard et comptait bien me tirer sa gueule d'enterrement jusqu'à la fin du séjour. Avec Iris, il se montrait toujours plus mielleux, car elle lui fournissait de temps à autre une denrée rare, et même précieuse, depuis que le tsunami pandémique avait ratiboisé la jeunesse : du sexe.

Ma stratégie constellatoire faisait rire bon nombre de gens qui passaient derrière mon dos, mais elle commençait, par le plus grand des hasards, à payer. Après une heure de jeu, j'avais déjà gagné plus de soixante-dix euros sans avoir eu à retirer d'argent supplémentaire au distributeur.

Iris, qui s'était retrouvée à sec, avait quitté son siège et s'était rapprochée de moi pour observer.

« Mais tu sais ce que tu fais ?

– Pas du tout ! C'est complètement *random* !

– Mais ça marche, putain ! Gros, t'as une main d'enfer ! »

Elle commanda deux nouveaux gin tonics pour m'encourager, et Alex, qui avait lui aussi atteint le plancher, s'installa à son tour derrière moi.

« Impressionnant, David. T'as fait des maths pendant tes études ? »

On était de loin les plus bruyants de la salle et au bout de deux heures, un mec de la sécurité nous demanda de la mettre un peu en veilleuse. J'étais monté à près de six cents euros et mes deux supporters devenaient carrément hystériques. « On rachète le casino ! » s'écriait Iris ; « Si t'arrives à mille balles, j'te roule une pelle ! », lançait de son côté Alex en me gueulant dans l'oreille. Il s'était enflammé en voyant mon nombre de points augmenter presque à chaque tour.

Je n'atteignis jamais les mille, mais à trois heures du matin, j'avais gagné huit cent cinquante euros. Et même avec les deux cents balles de cocktails que j'avais lâchés, il me restait encore un peu de sous.

« Bon, vous voulez vraiment rentrer ? nous demanda Alex, alors que nous rejoignions le parking pour reprendre la voiture.

– Pourquoi, y a d'autres options ? s'étonna Iris. Les boîtes sont fermées, non ?

– Les boîtes normales, effectivement. Mais j'connais deux, trois trucs. »

L'alcool avait fortement altéré ma lucidité, et je me demandais quelle était cette meuf avec laquelle je dansais dans cette espèce de grotte au sol en terre battue.

« T'as des capotes ? » hurla-t-elle dans mon oreille, avec une haleine à décoller du papier peint.

Je manquai de me foutre par terre en glissant sur une bouteille de whisky. Un type avec une barbe de père Noël me rattrapa in extremis.

Iris était assise sur un tonneau, à quelques mètres de la piste de danse improvisée. Elle discutait avec Alex et avait les bras autour de son cou.

« Ah ! Un revenant ! ricana-t-elle en me voyant arriver, titubant. Alors, t'as pris son numéro ?

– À qui ? dis-je en chancelant.

– À ta cavalière ! » répondit-elle en montrant une nana du doigt, qui était en train de gerber contre un mur. Iris se marra. « Tout compte fait, c'était bien de te casser. Elle a pas l'air en forme, ta Britney Spears.

– Vous voulez pas qu'on retourne à la… j'ai tellement envie de… »

Nous nous faufilâmes dans la foule en direction de la

sortie. Iris me prit par la main et m'aida à rejoindre la porte. Alex avait l'air sobre mais ses cheveux, trempés de sueur, portaient les stigmates de la soirée.

« T'as pas intérêt à vomir, David, j'veux pas avoir la caisse à laver demain, hein, merci ! »

L'un des vigiles nous fit sortir discrètement de la boîte clandestine en nous remerciant d'être venus. « On remet ça tous les week-ends, alors hésitez pas, toutes les infos sont sur le groupe WhatsApp. Soyez prudents en rentrant ! Et n'embrassez pas vos parents, soyez pas vaches ! »

Alex conduisait lentement et semblait terrifié à l'idée que je puisse salir l'horrible banquette arrière, dont le tissu était plein de trous et de griffures. Comme font les vieux, il avait mis la main sur la cuisse d'Iris, qui s'était assise côté passager. Elle avait de quoi rendre fou, cette nana, tant ses gestes et ses attitudes signifiaient tantôt une forte attirance envers moi, tantôt un réel attrait pour notre insupportable hôte. La démarche était sans doute volontaire et me faisait penser à ces participants odieux de *L'amour est dans le pré* qui, sur le même mode, s'amusent à vaquer d'une personne à l'autre pendant des plombes avant de choisir celui ou celle qui aura le droit de rester dans leur putain de ferme.

Cet exercice de test commercialo-sexuel avait un caractère profondément humiliant, et je me demandais toujours, de mon côté, si je pouvais améliorer quelque chose pour la pousser à trancher. La veille, je m'étais rasé les poils sous les aisselles pour supprimer toute rétention de sueur, et le matin même, j'avais appliqué un gel blanchissant sur mes dents, qui les avait rendues plus qu'éclatantes. Mais en attendant, c'était ce con de bouseux qui avait la main sur sa cuisse, et moi qui comatais à l'arrière de la caisse. L'image, bien que trouble, me faisait mal.

« Hop hop hop ! On se réveille ! » hurla une voix. C'était Alex qui me foutait des claques.

« Ah ! Casse-toi putain ! J'me lève, c'est bon !

– On est arrivés, faut sortir de la voiture, maintenant ! Bon, ça va, t'as pas vomi.

– Au pire, t'as qu'à le laisser dedans, mais en PLS, sait-on jamais !

– Ah non, personne ne dort dans la voiture. Allez David, prends mon bras. »

Ce connard me traîna jusqu'à la terrasse. J'étais effectivement bien bourré mais j'en rajoutais un peu, pour l'emmerder. Je pesais de tout mon poids sur ses épaules pour compliquer sa tâche, et Iris, qui avait très bien compris mon manège, se gaussait.

Il me jeta dans l'un des fauteuils du salon en lâchant un bruyant soupir.

« Il bouffe des briques, ce type, c'est pas possible d'être aussi lourd ! »

Les yeux fermés, je faisais le mort.

La chaleur était pesante et Iris, qui avait fait un saut à l'étage, s'était mise en maillot de bain. Elle nous prépara des citronnades dans de grands verres à pied et s'alluma une cigarette.

« Ça va, tu survis ?

– Ouais, j'pense que j'vais pas tarder à aller me pieuter, mais ça va, j'suis conscient. Par contre j'vais me prendre un cachet, sinon demain, j'vais être explosé…

– J'ai de la MD si tu veux, dans mon sac. Ça peut te remettre debout en trente secondes.

– Ah mais tu veux m'achever ou quoi ! Merci, ça ira. Juste un Doliprane ou deux. »

Alex prenait une douche dans la salle de bains du rez-de-chaussée et sifflotait un air d'une chanson de U2.

« Putain, même en matière de son, ce mec a des goûts de vieux. J'me demande franchement ce que tu lui trouves ! Avec ses cheveux dégueulasses. »

Iris s'avança vers moi et s'assit sur mes cuisses.

« C'est peut-être un paysan mais toi, qu'est-ce que tu peux être macho, c'est flippant !

– Moi ? Tu rigoles ?!

– Alors tu m'expliques pourquoi un mec aurait le droit de se taper des nanas juste pour le cul, et pas l'inverse ?

– J'ai jamais dit ça.

– Tu le pratiques, c'est encore pire. Au moins, Alex, il fait pas de remarques. Il prend ce qu'il y a à prendre. »

Elle semblait sincère mais je savais qu'elle ne cessait jamais de jouer. Même lorsqu'elle prenait un air sérieux, comme celui qu'elle arborait à ce moment précis.

Je la fixai du regard puis tentai de poser ma main sur ses fesses. Elle m'arrêta net et approcha son visage du mien. Je ne savais plus quoi faire. Bien que tétanisé, je sentais mon sexe qui commençait à se dresser, mais l'alcool avait fait des ravages et ralentissait la progression. Iris se trouvait à quelques centimètres de ma bouche et avait enroulé ses bras derrière ma tête. Elle restait prostrée, et m'observait. Comme pour me faire monter en pression.

Un moment, je crus que j'avais été drogué, tant je ne parvenais plus à bouger. Elle se mit à me lécher la joue, de façon très lente, avec une grande délicatesse. Je frissonnais de plaisir, mais le reste de mon corps ne réagissait toujours pas.

« Tu sais bien que t'es mon préféré », me murmura-t-elle tout en continuant à parcourir mon visage avec sa langue.

Je maîtrisais encore mes yeux et en profitais pour mater sa poitrine qui débordait largement de son maillot de bain.

Iris retira mon pantalon et se mit sur moi à califourchon. « Tu as cinq minutes avant que l'autre finisse sa douche. » Elle ôta sa culotte.

Je fermai les yeux. Car j'avais peur.

Je repris enfin le contrôle de mon corps. La chatte d'Iris m'enveloppait entièrement, pendant que j'essayais, tant bien que mal, de retenir mes gémissements. J'aperçus Dorian, le chien, qui s'arrêta près de nous quelques secondes avant de repartir dans le jardin.

Nous entendions l'eau couler dans la douche. Alex continuait à siffloter, de façon désagréable, presque stridente, alors que la salle de bains se trouvait à une dizaine de mètres de nous.

« Mets-moi, cher David. Si t'en es capable. »

Je m'activai à la tâche, mais en raison de la quantité d'alcool que je m'étais injectée, je devais lutter comme un malade pour ne pas me ramollir. Ma performance – et surtout mon honneur – était en jeu.

« Ah, c'est bien, t'y vas plus profond que la dernière fois, t'arrêtes pas ou j'te gifle. »

Iris participait à l'opération et continuait à me lécher de temps à autre, quand elle ne donnait pas d'intenses coups de bassin pour nous dynamiser. J'avais posé mon bras sur son abdomen pour la pousser légèrement en arrière, ce qui amplifiait l'impact de la pénétration.

Les mouvements ralentissaient puis s'accéléraient, et l'autre crétin continuait de chantonner à l'autre bout du couloir. Un instant, je crus même qu'il faisait exprès pour couvrir nos bruits, mais nous étions trop discrets. Je n'avais jamais mis autant d'énergie et de force dans une tâche aussi silencieuse. On donnait l'impression de vouloir éviter un grand danger, comme si ce rapport sexuel violait une règle fondamentale. Pourtant, la seule autorité que je craignais, c'était celle de cette fille qui s'enfonçait en moi autant que je m'enfonçais en elle. En fait, c'était elle qui me baisait. Elle tapait sur ma queue de plus en plus fort et me faisait même mal. Je n'osais rien dire, mais son vagin s'implantait si loin qu'il m'écrasait le prépuce – une bite circoncise est plus fragile, les gens n'y font pas gaffe.

Son visage affichait une excitation totale mais aucun son ne sortait de sa bouche. Elle rebondissait sur ma verge comme une pierre sur un trampoline. Des larmes coulaient de ses yeux.

Le sperme commençait à monter, elle accéléra encore ses va-et-vient et me demanda de rester à l'intérieur jusqu'au bout. Elle se colla à moi et m'embrassa.

« Merci, mon p'tit juif. Maintenant, tu peux partir. Je m'occupe de l'autre. »

Je montai à l'étage dans l'idée de prendre une douche, après avoir essuyé les traces de sperme qu'on avait laissées sur le fauteuil. « Bon, j'sais pas ce que tu fais mais j'te dis bonne nuit », avais-je lancé à Iris qui s'était rhabillée en quatrième vitesse, lorsque nous avions entendu Alex revenir vers nous. Je m'étais éclipsé juste avant pour ne pas le croiser.

Alors que je me savonnais le corps à l'eau froide, je remarquai que ma verge était endolorie. Les mouvements, qui avaient davantage ressemblé à des coups, m'avaient carrément fait saigner, ce qui m'occasionnait de désagréables picotements.

Je ne savais trop quoi penser. Iris ne m'avait pas forcé à baiser, j'aurais pu arrêter l'acte à tout moment, mais sa méthode avait été brutale, et extrême. J'avais beau avoir d'assez nombreuses partenaires en temps normal, je n'avais jamais fait l'amour de cette manière. J'avais ressenti du plaisir, et une puissante excitation, mais selon un mode négatif. L'opération avait plus ressemblé à un châtiment qu'à du sexe, sauf à inclure la souffrance dans le périmètre libidinal – ce dont je n'étais pas coutumier.

Je pris soin d'essuyer la baignoire et de ne surtout pas laisser de traces sur le carrelage, puis je sortis de la salle de bains en direction de ma chambre. Alex et Iris se trouvaient toujours dans le salon et une musique de Nirvana gueulait dans les haut-parleurs de la chaîne hifi.

Il devait être près de cinq heures du matin, et je m'étais mis à poil pour mieux supporter la chaleur. Mais ma chambre se trouvait sous les combles et n'était dotée que d'une petite fenêtre. J'avais l'oppressante sensation d'étouffer.

J'entendais le son des basses rebondir sur le plancher, au gré des pulsations de la musique d'en bas, ce qui occasionnait des bourdonnements dans mes oreilles. Quel lieu infâme.

Après moult stratégies de vidéos YouTube ASMR censées favoriser l'endormissement et de playlists musicales relaxantes, je parvins enfin à m'assoupir.

Alors que je venais de m'endormir, Iris avait voulu prendre un bain de minuit et s'était jetée dans le bassin du jardin pour se rafraîchir. Elle avait senti un tas de poissons morts sous ses pieds et avait hurlé de terreur. L'événement avait été d'autant plus traumatique qu'il faisait nuit noire ; elle avait donc imaginé le pire.

En entendant ses cris, j'étais sorti de mon lit en quatrième vitesse et avais dévalé l'escalier pour aller voir ce qu'il s'était passé. Iris pleurait d'effroi et s'était réfugiée sur la terrasse.

« Mais c'est quoi cette saloperie de baraque, putain ! Y a quoi dans ce bassin, bordel ? hurla-t-elle, alors qu'Alex l'avait enveloppée dans une serviette.

– C'est rien, t'inquiète pas, j'aurais dû vous prévenir, mais y a eu un problème avec les guppys, effectivement. On sait pas vraiment la cause, y en a plein qui sont morts, c'est pour ça que mon père a installé du grillage pour pas qu'on y aille. J'pensais pas que quelqu'un allait enjamber, j'vous avoue.

– Mais putain, quel genre de problème fait crever des

bêtes en masse, merde ? Ça vous inquiète pas ? Quel genre de famille d'abrutis vous êtes ! Mais j'hallucine ! m'écriai-je.

– Oh, ferme ta gueule, toi ! Qu'est-ce que tu fous là, on t'a rien demandé, remonte te coucher ! Laisse-moi avec Iris. Tu nous sers à rien.

– Comment tu me parles, fils de pute ?! »

Je mis un violent coup de poing à Alex, qui tomba en arrière sur le sol en bois. Je m'apprêtais à me jeter sur lui, mais Iris s'interposa entre nous : « Arrêtez maintenant, les deux hystériques, c'est pas le moment ! Sinon j'me casse !

– C'est lui qui va se casser ! Tu crois que j'vais supporter qu'un mec comme ça me frappe dans ma propre maison ?! Mais on est où ! Casse-toi, David ! Retourne dans ton kibboutz !

– Ta gueule, Alex ! renchérit Iris. S'il se tire, j'me casse aussi, alors ferme-la tout de suite ! »

Je suffoquais de rage. « J'me demande vraiment ce que tu lui trouves, à ce tocard de paysan, Iris ! Quel tas de merde ! Regarde sa gueule ! » J'avais envie de le défoncer. « Demain, j'me tire de ce merdier ! » m'écriai-je en repartant vers la maison.

Je sentis Alex se pointer derrière moi pour essayer de me frapper, mais Iris s'interposa de nouveau : « Arrêtez votre combat débile de coqs, maintenant, y en a ras le bol, vous êtes pathétiques. Ou j'appelle les flics ! »

Je dormis jusqu'à midi. La chaleur avait fortement diminué, ma colère aussi. Je n'avais plus le goût à rien. Au fond, je me foutais pas mal de cet abruti d'Alex, mais j'étais dégoûté qu'il gâche l'expérience que j'avais voulu acquérir en venant à Ruffosses. Ce type était en train de détruire la dernière chose qui me motivait encore dans cette période mortifère.

Iris était venue me passer le bonjour, mais en voyant ma tronche, et mon air plus que dépité, elle s'était vite éclipsée.

J'hésitai un moment à aller voir Alex pour tenter de trouver une explication et essayer de comprendre ce qu'il pouvait bien avoir contre moi, au fond – étant donné qu'en dehors d'une absurde jalousie vis-à-vis d'Iris, je n'avais rien fait de mal. Mais en me rappelant son côté creux, son inculture, et son orgueil prodigieusement excessif, je me ravisai.

J'avais donc fait mon sac et commandé un taxi pour me rendre à la gare de Cherbourg. Le chauffeur était censé arriver une demi-heure plus tard et j'avais noté qu'il y avait plusieurs trains pour Paris, en fin de journée. J'étais déjà sur le départ.

En attendant, je surfais sur YouTube et visionnais machinalement des vidéos qui se succédaient, et dont une bonne partie parlaient du Covid. Je me disais qu'Iris avait raison, au sujet des algorithmes. Ces mécanismes étaient tellement précis qu'ils suggéraient des contenus avec une acuité de plus en plus grande, en fonction de l'historique qu'on avait laissé sur la plateforme, mais aussi grâce aux mots-clés qu'on avait pu taper sur Google et aux sites qu'on avait eu l'occasion de visiter – et dont la quasi-totalité comportaient les fameux cookies, c'est-à-dire un traçage. Le net n'oubliait rien.

On vivait dans un monde bizarre où des boîtes privées,

dont les finalités purement commerciales ne faisaient aucun mystère, en savaient plus sur l'humanité que la totalité des États réunis. Les gouvernements n'arrivaient même pas à anticiper les lits nécessaires pour pouvoir absorber l'épidémie en cours, en revanche, les GAFA connaissaient mes goûts politiques, mes affinités sexuelles, mes peurs, mes désirs professionnels et, bien sûr, toutes mes allées et venues. Mais cet invraisemblable transfert de pouvoir ne choquait pas grand monde à la surface de la terre.

Je regardais en semi-conscience les débats d'éditorialistes qui s'écharpaient pour savoir si l'hydroxychloroquine était utile ou non, s'il allait y avoir une deuxième vague ou non, si les cinémas et les restaurants pouvaient rester ouverts ou non… Je n'y connaissais rien, à tout ça, comme d'ailleurs la plupart des journalistes qui animaient ces débats-fleuves dans une sorte de cacophonie informative. Ils n'avaient pourtant rien à se reprocher, ils essayaient tant bien que mal d'éclairer les spectateurs en faisant s'exprimer des opinions très diverses, mais justement : étant donné la multiplicité inouïe des sources d'information, on était surtout embrumés. Et colossalement abrutis.

Sur Twitter, on lisait des choses, sur Facebook aussi ; sur YouTube, on regardait des vidéos, comme d'ailleurs sur TikTok ; on entendait des pro-tout, des anti-tout, des soldats du système, des conspirationnistes timbrés, des gens au milieu qui n'avaient rien de particulier à dire, des militants, des non-militants, des experts, des non-experts, des écrivains, des essayistes, des mecs, des nanas, des types de gauche, des bonshommes de droite, du faux, du vrai, du rien ; de l'info neutre, de l'info bidon, des personnes indépendantes, des personnes corrompues jusqu'à l'os, des médias honnêtes, des médias malhonnêtes, de la propagande, de l'anti-propagande, du sens et du non-sens.

Et là-dedans, on était censé choisir un camp. J'aurais encore préféré le silence.

« Je peux entrer ? C'est Alex. » Je poussai un soupir. « Ouais… vas-y. »

Il ouvrit la porte avec délicatesse et s'avança vers moi, l'air piteux.

« Écoute, je suis désolé, David…

– Laisse tomber, ce qui est fait est fait, hein, j'ai commandé un taxi, j'me tire dans dix minutes, de toute façon.

– Ah oui ?

– Quand on me dit "casse-toi", et je parle même pas du reste, eh bien tu vois, je ne me fais pas prier. Y a quand même des limites.

– Je sais… je comprends, et si tu veux vraiment partir, je ne vais pas te retenir. Je voulais malgré tout m'excuser, j'me suis mal comporté, d'autant que je sais que tu venais avec un bon esprit, à la base, c'est complètement débile de ma part d'avoir été comme ça avec toi.

– J'suis sûr que c'est à cause d'Iris.

– Ouais, peut-être, en partie, j'vais rien te cacher, mais…

– Alors t'es vraiment un crétin, pardon de te le dire. J'ai rien provoqué avec elle, et si ça te gêne qu'elle soit aussi attirée par moi, bah alors, t'avais qu'à prendre que des meufs pour ton woofing à la con ! T'aurais pu te les partouzer en même temps ! C'était pas marqué sur l'annonce !

– Mais non… c'est pas seulement ça, David, c'est pour

ça que je suis venu te voir, pour te dire la vérité, en fait, ce qui se passe, c'est que mon père… »

Mon téléphone sonna.

« Allô ? Oui, c'est bien moi, David. Vous êtes arrivé ? Parfait ! Écoutez, je descends, j'ai juste à prendre ma valise, je suis dehors dans deux minutes. »

Je rangeai mon chargeur de téléphone dans ma valise et sortis de la chambre.

« Désolé, Alex, je dois y aller, bon courage pour la suite, tu feras un bisou à Iris de ma part. À une prochaine fois, peut-être. »

Mon chauffeur, un homme élégamment cravaté, se montra des plus efficaces. Une demi-heure plus tard, j'étais arrivé à la gare, et en un éclair, je pus monter dans un train en direction de la gare Saint-Lazare. Je n'eus même pas à acheter un nouveau billet car mon retour initial était modifiable directement sur l'appli de mon téléphone. C'est comme si je n'étais jamais venu.

En arrivant sur le quai, je ressentis un soulagement indicible. « Putain ! La liberté ! » lançai-je à haute voix. Je n'avais jamais eu autant envie de repartir à Paris, surtout en plein été. Je quittais une prison pour en retrouver une autre, mais au moins, dans ma cage à lapin, personne ne me faisait chier.

Le trajet fut long et désagréable. Le train n'était rempli qu'à moitié mais on manquait cruellement d'air dans les wagons, et le bruit ambiant était difficilement soutenable. Il y avait pourtant des portes hermétiques, sauf qu'elles étaient pétées, évidemment, ce qui occasionna un brouhaha anxiogène tout le long du trajet. On se serait cru en URSS, à la fin des années 80, où les contradictions du système soviétique étaient telles que les gens pouvaient les palper à chaque moment de leur vie quotidienne, jusque dans la semelle de leurs chaussures.

Pendant le voyage, je me dis que j'avais sans doute fait une erreur : une erreur de destination – et donc aussi, d'une certaine façon, d'analyse. J'avais voulu quitter Paris pour essayer de trouver un petit coin tranquille, et par la même occasion une autre manière de vivre. Mais le problème n'était-il pas plus général ?

Le pays qu'on appelait France me sortait par les trous de nez depuis déjà un certain temps pour d'innombrables raisons : son chômage immortel, sa mentalité collective qui avait stationné dans les années 60, sa politique paternaliste, son soi-disant modèle social qui n'était plus envié par personne.

Je cherchais à rompre avec mon mode d'existence, mais j'avais la désagréable impression que les problèmes me suivaient, même en dehors de la capitale, comme un flic ou un huissier de justice qui se serait mis à mes trousses. Je n'avais pourtant rien à cacher, ni à me reprocher. Cela ne m'empêchait pas de sentir le parfum morose d'une nation qui n'avait plus rien à offrir, et à m'offrir, en dehors du contrôle, des prélèvements tous azimuts et des agressions diverses, y compris les plus légales : les violences policières.

La France était peut-être ce qu'il fallait quitter, et vite.

J'envoyai un texto à Simon pour le prévenir de mon retour anticipé. Il me répondit presque aussitôt :

« Déjà ! Dis donc, ça ne te réussit pas la campagne ! Passe à l'appart, j'ai du taf, là, mais on peut dîner ensemble à la maison ce soir. Tu m'appelles quand t'es là. À tout' ! »

J'étais tout excité à l'idée de revoir une personne normale, sans lien avec ces tarés du Cotentin, et surtout de pouvoir parler du projet suisse, qu'on avait évoqué la dernière fois qu'on s'était vus.

Je m'étais assoupi quand le vibreur de mon téléphone me fit sursauter. C'était un message WhatsApp d'Iris :

« J'ai même pas eu le temps de te dire au revoir ! Je suis dégoûtée. T'inquiète pas, je ne t'en veux pas mais ça va pas être simple ici sans toi. Je compte rester encore quelques jours, histoire qu'Alex ait le temps de trouver quelqu'un pour l'aider à la ferme. Mais je me vois pas passer le reste du mois avec lui. D'ailleurs, pour info, il s'en veut beaucoup. Je crois qu'il a essayé de te retenir tout à l'heure mais t'avais déjà pris ta décision. Je comprends. Si jamais tu changes d'avis, il m'a dit de te dire que la porte t'était toujours ouverte. On a acheté de quoi faire un barbecue pour ce soir, avec du vin de la cave de son père. Dommage que tu puisses pas en profiter avec nous ! Tu manques à tout le monde, même à Dorian, dis-toi ! J'espère qu'on se reverra sur Paris, je reprends le boulot qu'à la fin du mois d'août. Prends soin de toi. Iris. »

« C'est toujours pareil, les histoires de meuf, ça bousille tout. Les gens perdent les pédales.

– Bizarrement, je ressentais pas le problème de mon côté, elle était tellement volage, de toute manière. »

Le serveur nous apporta une assiette de gyozas, des raviolis japonais dont nous rafolions, Simon et moi.

« Mais bon, au moins j'aurai testé, quoi !

– Je te voyais pas t'installer à la campagne, toute façon, c'est pas facile quand on a toujours vécu en ville. T'as pas vraiment le profil, y a qu'à voir ta gueule ! »

Le resto était blindé, et le manque de fenêtres rendait l'air peu respirable, tant et si bien que beaucoup de gens toussaient depuis qu'on était arrivés à l'intérieur.

J'interrogeai Simon au sujet de son projet suisse, qui semblait toujours d'actualité. Il avait en particulier des visées sur la ville de Genève qui permettait aux Français de devenir frontaliers : « Si tu t'installes dans des bleds assez proches, tu profites d'un salaire deux fois supérieur tout en gardant notre régime social, c'est optimal. Bon, après, t'es pas dans le centre, mais au moins tu respires et tu peux rejoindre Paris en quelques heures. »

Nous passâmes la fin de soirée dans un bar de la rue Montorgueil. Je n'avais jamais vu le quartier aussi rempli. Les gens en avaient assez du confinement et voulaient manifestement profiter de la liberté retrouvée. Sauf qu'à en croire les instances internationales, le virus circulait toujours et continuait à faire des milliers de victimes dans le monde entier.

« C'est dingue, j'ai l'impression que c'est encore plus blindé que d'habitude, lançai-je alors que le serveur nous apportait deux pintes de blanche.

– Mais c'est clairement plus blindé que jamais ! J'ai pas bougé de Paris, et j'peux te dire que c'est le grand n'importe quoi, à l'exception de certains restos qui font gaffe. Le problème, c'est qu'ils ont tellement morflé eux aussi qu'ils essayent de rattraper leur chiffre d'affaires, j'imagine. On creuse notre tombe, gros. »

On discuta des lieux qui pouvaient nous servir de planque pour les mois ou même les années à venir. En dehors de la Suisse qui, d'ailleurs, n'avait pas échappé au confinement et aux mesures de restriction, on passa en revue l'ensemble des possibilités pour les jeunes actifs flippés et un tantinet lâches que nous étions.

Simon penchait instinctivement pour les pays anglo-saxons, à commencer par les États-Unis qui, dans la tech, constituaient un indépassable eldorado. Mais le pays avait été violemment touché par l'épidémie, en particulier la Californie, avec des villes comme Los Angeles qui cumulaient d'immenses difficultés économiques et des taux de contamination très élevés. Plus proche de nous, le

Royaume-Uni ressemblait aussi à une fausse bonne idée, avec son gouvernement brexiter instable et, là encore, des chiffres épidémiologiques inquiétants. L'Allemagne s'en sortait mieux que les autres, sauf que nous nous voyions mal partir à Munich ou Berlin, nous qui avions fait espagnol en LV2. Quant aux pays du sud de l'Europe, la question n'était même pas permise, tant leur situation semblait objectivement bien pire que la nôtre.

On avait l'impression d'être faits comme des rats.

« Un p'tit coucou de Ruffosses, chou ! J'espère que t'es bien rentré. On t'embrasse », m'envoya Iris en joignant une photo d'Alex et elle sur la terrasse, avec Dorian qui trônait au premier plan.

Je montrai le cliché à Simon.

« Ah, mais ça avait l'air grave sympa, comme endroit ! La p'tite terrasse, le barbecue, la nana grave mignonne. Quand je pense que j'vais rester bloqué devant un écran tout l'été ! On échange, si tu veux ?! »

Je me demandai si je n'avais pas fait une grosse connerie.

Simon m'avait invité à passer la nuit chez lui. On avait pas mal bu et il savait que ce n'était pas très prudent de rentrer à porte de la Chapelle après une certaine heure. « J'ai un canapé-lit. »

Il venait de s'abonner au site MasterClass, une plateforme américaine pour CSP+ qui proposait, un peu comme Netflix, une grande variété de vidéos très léchées, sauf qu'il s'agissait de contenus éducatifs.

« Je sais pas si tu connais, c'est énorme, ça va du cours de cuisine donné par un grand chef à des programmes sur la réalisation de films, ils ont des énormes restas, t'as Lynch, je crois, Scorsese, même Anna Wintour, en mode ! »

Je commençais à m'assoupir mais Simon venait d'ouvrir une bouteille de prosecco.

« Ah bah tu vas pas dormir maintenant ! Il est même pas une heure. C'est pas tous les jours qu'on se voit. »

Je me redressai du canapé sur lequel je m'étais avachi.

« Bon, je propose qu'on trinque à notre projet suisse !

– Tu sais, c'est pas sûr encore, faut que j'y réfléchisse », dis-je en buvant une gorgée.

Simon me donnait l'impression d'être devenu alcoolique. Il était sans doute content de me revoir, et de sortir deux minutes de son ambiance tech oppressante, mais je remarquai qu'il avait investi dans une cave à vin électrique depuis la dernière fois que j'étais passé chez lui. Elle était pleine à craquer. « Ça prend pas beaucoup de place, et c'est mieux qu'un sous-sol humide, j'te le conseille. »

Depuis la pandémie, son regard avait changé, comme s'il n'arrivait plus à feindre d'être de bonne humeur. Le voile de la pudeur était tombé, laissant apparaître son existence telle qu'elle était : triste et surtout décevante, en décalage total avec les rêves silicon-valleyiens qu'on lui avait vendus depuis la fin de ses études. Les start-up et les nouvelles technologies regorgeaient sans doute d'énergie et de projets intéressants, mais c'était un monde qui fonctionnait comme celui de l'art, d'une certaine façon : beaucoup d'appelés et un nombre anecdotique d'élus. Il fallait sans cesse lancer de nouveaux concepts pour espérer pouvoir lever des fonds, et quémander ensuite une rémunération. Le spectre étrange des GAFA avait des vertus, symbolisant un monde de possibilités, mais pour gagner sa croûte dans cet univers, et obtenir un emploi stable, c'était la croix et la bannière.

Le mythe de l'entrepreneur et du self-made-man avait laissé place à la figure du startuper jeune et geek, capable de créer un empire avec trente euros et sans jamais sortir de sa chambre. De fait, il y avait bien quelques success stories ici et là qui continuaient de nourrir cette légende, avec des mômes de seize ans qui codaient des programmes « géniaux » avant de les revendre à des géants du numérique en mal d'inspiration. Ça faisait les gros titres de la presse spécialisée, en particulier *TechCrunch*. Et qui pouvait nier de telles « réussites », à part des vieux cons jaloux ? En attendant, ces phénomènes de foire restaient tellement marginaux qu'ils ne pouvaient pas, en toute logique, proposer un modèle de société solide. Simon en prenait conscience un peu plus chaque jour.

Le digital fonctionnait sur le mode de la drogue dure : en pratiquant les plateformes et les réseaux sociaux, nos neurones sécrétaient de la dopamine, qui elle-même nous rendait toujours plus accros. Ce n'était plus un secret pour grand monde, mais on continuait tous à les utiliser pour obtenir la précieuse récompense, fût-elle de très courte durée, afin de nous sentir mieux. Les gens qui bossaient dans la tech n'étaient pas simplement les responsables de cet engrenage, ils en étaient également les premières victimes, en quelque sorte.

Cette situation avait selon moi deux conséquences : d'un côté, certains voulaient consommer toujours plus de numérique, pour réserver leurs vacances, regarder des séries, se branler ou commander de la bouffe (même dans des zones constituées d'une masse énorme de commerces et d'épiceries en tout genre) ; d'un autre côté, certains avaient la nausée à force de voir ces flux incessants de connexions dont une large part était consacrée à des activités de pur divertissement (les discussions sans fin sur Twitter au sujet de la famille royale d'Angleterre ou de la taille des seins de telle popstar, les interminables vidéos de chats dans toutes les positions possibles, les mèmes, et bien sûr, le porno, dans des quantités stratosphériques).

En me tirant en Normandie, je me plaisais à l'idée de faire partie de la deuxième catégorie, qui s'enorgueillissait au passage d'une certaine hauteur d'esprit, sauf qu'en pratique, j'étais toujours sur mon téléphone, quel que soit le lieu et à toute heure de la journée. Et comme pour une part croissante de l'humanité, ma plus grande angoisse dans la vie, c'était de ne pas capter la wifi.

Simon, lui, se trouvait encore dans l'arène : il tentait de prendre sa part du gâteau et, d'un certain point de vue, participait à la lutte. Une lutte aux visées foncièrement imperceptibles, mais l'essentiel, dans la tech, ce n'était pas d'expliquer ce qu'on faisait, c'était de *faire*, de la manière le plus efficace possible. De ce que j'en comprenais, ce milieu reposait avant tout sur une éthique, d'ailleurs hautement respectable, du travail et de la recherche d'utilité. C'était l'obsession unique de toutes ces apps et de toutes ces boîtes valorisées à plus d'un milliard qu'on appelait des « licornes » : résoudre des problèmes, et satisfaire un nombre illimité de clients, en s'enrichissant le plus possible. Un bon vieux discours protestant, en somme.

Sauf qu'en cherchant à abolir le modèle du salariat old school, lui-même à bout de souffle, on n'avait toujours pas résolu l'inquiétude première de l'homme contemporain qui n'était autre que la quête de sens. On avait tué Dieu au XIXe, puis l'amour au XXe, le XXIe siècle était en train d'abolir le travail, avec d'ailleurs un certain succès, car bientôt, les softwares les plus divers seraient en mesure de satisfaire l'ensemble de nos besoins. Mais qu'allions-nous faire, nous, les humains, pendant que la galaxie Amazon et l'armée Apple viendraient tout nous offrir sur un plateau, en échange de quelques abonnements à 9,99 euros par mois ? Une fois la série livrée, le cours en ligne distribué, le grille-pain réceptionné et la housse de couette déposée sur le paillasson, de quoi seraient composées nos modestes journées ? D'autant qu'avec le revenu universel, le complexe technico-social voulait vraiment s'occuper de tout. Qu'étions-nous en train de fabriquer à l'échelle planétaire, sinon une grande nurserie, au passage réservée à la crème de la crème des pays « occidentaux » ou a minima occidentalisés ?

Il allait falloir se retrousser sérieusement les manches pour trouver un quelconque sens à la vie moderne qui pénétrait nos quotidiens sécularisés. Nous étions pris en charge, ça oui, mais c'était tout. Nos vies étaient vides.

Simon se trouvait aux premières loges pour assister à cette implacable transformation ; c'est pour cette raison qu'il était totalement déprimé. Et pour lutter, et s'échapper un instant de la fièvre algorithmique, il utilisait une méthode des plus ancestrales : se bourrer la gueule. Avec des bouteilles, de l'alcool et des verres bien concrets.

Mon téléphone se mit à vibrer et tomba bruyamment de la table basse sur laquelle je l'avais posé.

« Ah, trop bien ! Ça me fait plaisir d'avoir de ses nouvelles, dis-je en lisant le message.

– C'est qui ? me demanda Simon.

– Une meuf SDF que j'ai rencontrée à Cherbourg.

– Quoi ?

– Je l'ai rencontrée en faisant du stop, apparemment elle a trouvé un taf et elle a emménagé dans un appart, depuis.

– Ah, bah cool pour elle… Mais pourquoi elle t'emmerde à cette heure-ci ? Il est presque trois heures.

– On capte rien là-bas, les messages mettent toujours une éternité à arriver. Elle m'invite à venir déj chez elle pour fêter son embauche.

– Ah, dommage, à une journée près, t'y étais encore.

– T'es fou ! J'y retourne. »

Acte II

L'installation

C'était le retour aux sources que j'avais tant espéré. La sortie de la caverne métropolitaine que j'attendais depuis des lustres et qui m'avait donné l'impulsion, quelques mois auparavant, de réserver mon séjour dans cet étrange endroit.

Alex avait compris que ma démarche avait toujours été sincère. Il avait sollicité l'aide d'un de ses amis éleveurs pour pouvoir nous dégager du temps libre à Iris et à moi et nous laisser l'opportunité d'explorer les environs.

Des écrivains chers à mon cœur avaient vécu dans cette région, en particulier Tocqueville, qui avait été élu député à Valognes vers le milieu du XIXe siècle. Alex avait été au lycée dans cette ville qui me paraissait hors du temps et où j'étais déjà allé avec ma mère, quelques années auparavant, lors d'une escapade printanière. Je me souvenais que nous avions déjeuné à L'Agriculture, un resto aux murs extérieurs tapissés de feuilles qui servait des menus à dix-huit euros comprenant une entrée, un plat, du fromage et un dessert. Le tout servi par une dame sans âge aux airs vaguement lesbiens qui avait passé un long moment à nous indiquer le bon chemin pour rejoindre la chambre d'hôte qu'on avait réservée, à quelques encablures de là.

Cette fois-ci, nous partîmes dîner avec mes deux comparses dans une crêperie installée un peu plus loin, toujours dans la commune de Valognes, et qui s'appelait Le Moulin de la Haulle. Alex avait réservé car l'endroit était fortement demandé, du moins pendant la haute saison. Les gens savent toujours repérer les perles, quand la gastronomie est en jeu.

Nous garâmes la voiture dans le parking situé devant un large étang. Le resto lui-même se trouvait quelques mètres plus loin dans une maison de pierre assez simple, mais soignée. Cette partie de la Normandie avait une tonalité brute et minimaliste – contrairement à la région de Deauville, et au Calvados en général, beaucoup plus prout-prout et touristique. Le Cotentin me rappelait davantage la Bretagne de mon enfance, en particulier les Côtes-d'Armor, où j'avais passé l'essentiel de mes étés jusqu'au début des études supérieures. Il y avait une âme spéciale dans ces coins, à la fois ancienne et active, rassurante parce que bienveillante.

La nana de l'accueil nous prêta des masques maison en tissu que l'on pouvait choisir à notre guise, à l'entrée du resto. C'était toujours aussi déprimant de se plaquer ça sur le visage dans un moment de détente, mais la variété des couleurs et des formes donnait presque de la poésie à la chose.

« Ils se sont craqués ! » s'amusa Iris en choisissant un modèle rose avec de discrets pois.

On nous installa à une grande table en bois aux bords irréguliers qui donnait l'impression d'avoir été dessinée exprès pour le lieu, de façon à pouvoir s'adapter à l'agencement de la pièce.

« D'habitude, j'y vais surtout l'hiver avec mes parents, et ils allument la cheminée du fond. C'est presque caricatural comme scène, mais j'adore. »

On commanda trois galettes aux cinq fromages qui s'avérèrent être aussi larges que des pizzas, la finesse en plus. Je n'étais pas un gros mangeur mais j'appréciais les restos de campagne qui servaient des portions généreuses, sans lésiner sur la qualité des ingrédients. À Paris, et en réalité dans la quasi-totalité des grandes villes, la pression monétaire que subissaient les restaurateurs était telle que la bouffe était souvent à chier : plats surgelés, boissons hors de prix, avec des marges de 300 à 400 %, et des serveurs qui venaient vous emmerder toutes les trente minutes pour vous forcer à la consommation. De plus, il fallait se dépêcher de terminer car pour amortir le loyer, il y avait trois, parfois quatre services dans la même soirée. L'expérience devenait de plus en plus inabordable et de moins en moins plaisante, alors je m'en passais, et je mangeais des plats réchauffés au microondes. Comme tout le monde.

Iris avait été enchantée de me voir revenir quelques heures auparavant, d'autant que je lui avais rapporté un cadeau pour me faire pardonner. On commençait à se faire mutuellement confiance et on sentait tous les deux que, quelle que soit la suite du séjour, ce woofing resterait gravé dans nos mémoires.

De son côté, Alex avait changé du tout au tout avec moi et se sentait toujours quelque peu coupable. Il m'avait pris dans ses bras en me voyant rappliquer, et la bouteille de whisky que je lui avais offerte avait définitivement enterré la hache de guerre. C'est du moins ce que j'espérais.

Pendant mon absence, Iris avait lancé officiellement sa chaîne YouTube. Ses premières vidéos couvraient des thèmes liés à son domaine de prédilection : l'art contemporain. Elle avait en particulier tourné un programme de trois quarts d'heure – ce qui était considérable pour la plateforme – au sujet du fonctionnement de ce milieu, avec un focus sur le riche et prolixe galeriste Larry Gagosian. « J'essaie de rester fun tout en traitant des vrais sujets, avec de la réflexion et une bonne dose de critique. » Elle essayait clairement de se démarquer de ses live Instagram qui, pour le coup, empruntaient essentiellement au domaine comique.

Alex s'était intéressé à ce qu'elle faisait et l'avait même aidée pour le montage en mettant à sa disposition l'ordinateur de sa mère, qui disposait d'une bonne carte graphique. « C'est pas encore *Envoyé spécial*, mais ça me botte bien de commencer la chaîne ici ! »

Elle comptait profiter du temps qu'il nous restait pour « faire des sujets plus *touchy* ». Entretenir une chaîne YouTube n'est pas chose aisée et même avec sa solide base d'abonnés issue d'Insta, le fait de passer sur une autre plateforme la mettait en situation de risque, car certains pouvaient ne pas la suivre. « J'en avais un peu ras le bol de montrer mes seins, toute façon. Faire la potiche, ça va cinq minutes. »

Elle profita du moment de l'addition pour analyser ses dernières performances sur son téléphone.

« Putain ! J'ai l'impression que ça nous a porté chance de venir bouffer là, les mecs, j'suis déjà à deux mille abonnés !

J'étais à mille cinq cents y a trois heures. Ma vidéo sur Gagosian a bien remonté ! Faut dire que j'arrêtais pas de harceler ma communauté pour qu'ils s'abonnent. »

Alex insista pour payer la totalité de la somme.

« J'te dois bien ça, David, et Iris m'a beaucoup aidé ce matin, on a eu un problème avec une vache, j'te raconte pas, j'ai dû faire venir le véto. Heureusement qu'elle était là pour s'occuper du reste, sinon j'étais obligé de faire revenir mes parents. »

Devant l'insistance d'Iris, nous fîmes un rapide saut au casino. Mais l'ambiance du lieu n'avait rien de très palpitant ce soir-là. À cause du coronavirus, l'établissement avait perdu de nombreux clients et les jeux étaient réduits au strict minimum, avec un personnel encore plus restreint que lors de notre dernière visite.

« C'est un peu glauque, vous trouvez pas », avait lancé Alex en s'asseyant devant la roulette électronique.

Il y avait très peu de monde autour de nous, et les plaques en plexiglas qui délimitaient les sièges avaient encore été renforcées. La zone ressemblait à une sorte de parloir et les employés à des vigiles. On était loin des atmosphères dépeintes sur les photos qui ornaient les murs, où l'on pouvait voir Sean Connery et Alain Delon entourés de vestales, un verre de champagne à la main. C'était à se demander si ce monde *chic & glam* allait revenir un jour, vu l'état de déliquescence dans lequel se précipitait la majeure partie du monde occidental.

Malgré tout, Iris avait bien retenu l'improbable stratégie que j'avais utilisée lors de notre précédent passage – la fameuse mise constellatoire – et elle se rapprochait de la centaine d'euros de gain. Moi, j'avais déjà tout perdu. Quant à Alex, il n'avait plus que huit euros de crédit sur son écran à moitié rayé.

Iris avait posé son sac à main près d'elle et avait l'air de manipuler quelque chose. Elle n'arrêtait pas de bouger sur son siège, tant et si bien que l'un des types du casino se demandait ce qu'elle foutait et la regardait d'un air suspicieux.

« Ah, merde, ta stratégie marche plus ! s'écria-t-elle en frappant du poing sur son écran.

– Tu sais, c'est pas vraiment une stratégie ! C'est plutôt une…

– Attends, tais-toi, je mise. »

J'avais rejoint Alex qui était parti boire une bière au bar.

« Alors, t'as pas trop perdu ? Au fait, merci encore pour le resto.

– Ah mais non, c'est normal, ça m'a fait plaisir. Et pour les autres jours, on va prévoir quelques activités, si vous voulez, pour pas rester toute la journée dans la ferme, je sais que ça peut être pesant. Et de toute façon, y a un voisin qui m'aide bien maintenant, donc j'vais pas trop vous solliciter, vous inquiétez pas.

– Aucun problème, tu sais, je savais que c'étaient pas des vacances, on est déjà nourris, t'as pas à faire tout ça pour nous ! »

Il esquissa un sourire mais je le sentais assez triste, au fond.

« Tout va bien pour toi, sinon ? »

Il se mit à déglutir, et sembla troublé.

« Tu sais, David, c'est particulier, la campagne, les

choses se passent pas toujours comme on le voudrait, y a beaucoup de facteurs à prendre en compte.

– Oui, j'imagine, le climat, tout ça, c'est pas évident à gérer, au quotidien.

– Oui, et ce dont on ne parle pas. »

On entendit soudain un grand bruit à l'autre bout du casino.

« Ouais !!! » hurla Iris. Elle s'empara de son sac d'un geste vif et nous rejoignit au bar. « Allez, je paye ma tournée, les gars ! J'viens de gagner cinq cents boules. Cinq cents boules, vous avez entendu ?! J'suis refaite ! »

Nous passâmes le début de la nuit sur la terrasse, que je n'étais finalement pas mécontent d'avoir retrouvée. Dorian avait repris ses habitudes en s'installant à mes pieds et Alex, qui décidément se comportait en gentleman, nous avait servi un digestif de son père. « C'est sa meilleure bouteille », avait-il précisé en apportant les verres sur la table.

Iris était encore tout excitée de sa soirée. « Deux mille abonnés et cinq cents balles au casino, j'ai pas loupé ma journée !

– Ah mais c'est clair ! Félicitations, surtout pour ta chaîne, si tu continues comme ça, t'auras plus besoin de bosser, limite ! s'exclama Alex en buvant une rasade de cognac.

– Moi, j'ai toujours une sensation bizarre quand y a trop d'événements positifs, dis-je, j'ai toujours peur de faire virer le karma… »

Alex nous parla de sa prochaine année d'études – il rentrait en licence Événementiel, avec quelques années de retard – et s'inquiétait de l'état du secteur. Les diverses restrictions mises en place aux quatre coins du monde avaient rebattu toutes les cartes, et ses projets d'origine semblaient désormais menacés. Il avait réussi à décrocher un stage à Disneyland Paris quelques mois auparavant, mais il venait de recevoir un message d'annulation de la part de son tuteur. Le parc rouvrait bientôt mais selon des conditions qui laissaient présager une baisse durable de l'activité.

« Aux États-Unis, c'est une catastrophe apparemment, ils vont sûrement devoir licencier plein de gens et y a même une banque alimentaire qu'est en train de s'organiser pour aider les employés les plus précaires. Et dire que c'était l'une des plus grosses boîtes du monde y a pas si longtemps… »

La situation du groupe n'avait rien d'anecdotique et symbolisait à mes yeux la fin d'un monde. Pas seulement celui du divertissement qui, d'une manière ou d'une autre, allait rebondir – notamment grâce aux plateformes de streaming –, mais celui de la domination du modèle américain. La crise n'avait pas fini de faire des ravages et d'apporter des modifications au système économique et politique dans lequel nous vivions. Des tendances commençaient à se détacher du mouvement d'ensemble, à commencer par la chute des grandes puissances occidentales.

Il apparaissait chaque jour plus clairement que la Chine avait les reins plus solides que l'Amérique et que nombre d'autres nations d'Extrême-Orient prenaient une part croissante non seulement dans le commerce, mais dans la gouvernance mondiale au sens très large. Pour autant, le système libéral n'avait pas dit son dernier mot et, malgré ces profondes mutations à l'œuvre, les marchés demeuraient les principales forces qui orientaient le destin du monde. D'une façon qui pouvait sembler paradoxale, on assistait même au renforcement de la violence économique depuis que l'Asie avait augmenté son influence et son pouvoir au sein du concert des nations. L'Occident, qui maintenait encore de beaux restes en matière d'innovation et de flux financiers, allait devoir se battre jusqu'à la mort.

En réalité, on avait l'impression d'assister à une sorte de lutte finale plus violente encore que la situation géopolitique d'antan, où tous les coups devenaient permis. J'avais pris conscience de ce phénomène après avoir visionné un documentaire sur l'eau, dont l'exploitation avait pris, depuis une période assez récente, un tournant inquiétant. Face à l'épuisement de cette ressource essentielle, qui avait longtemps paru inépuisable, un marché financier nauséabond s'était développé, en particulier aux États-Unis, avec des propriétaires et des spéculateurs qui se battaient pour optimiser leurs investissements. Dans certaines régions, notamment en Californie, on achetait des terres non plus pour les exploiter, mais pour obtenir un accès à l'eau qui devenait alors un bien privatisable. Il y avait bien des ONG et des lanceurs d'alerte qui se battaient pour faire reconnaître la ressource comme un bien public mondial et la sortir du marché, mais certaines nations s'y opposaient.

Le sujet n'était pas isolé. Quelques années auparavant, en 2005, s'était ouvert le premier marché du carbone qui permettait d'échanger des droits à polluer. L'instrument était souvent présenté comme un outil de lutte contre la pollution, mais le fait même qu'on utilise des mécanismes rigoureusement capitalistes pour réguler un pareil sujet

– plutôt que des décisions de politique publique – avait quelque chose d'absurde, voire de dégoûtant. S'il y avait désormais un « business » des activités nocives, pourquoi n'aurait-on pas pu instaurer un marché du crime, où l'on serait par exemple en mesure d'acheter ou de vendre des droits à tuer ?

Le modèle occidental bougeait encore, mais il était en voie de pourrissement avancé. Il tirait ses dernières cartouches.

L'une des vaches était tombée gravement malade. Alex avait dû appeler en urgence un vétérinaire qui était venu l'examiner quelques heures avant mon retour à la ferme. Il avait observé une mystérieuse « chute du système immunitaire », sans toutefois pouvoir en déceler la cause. Les autres bovins paraissaient en relative bonne santé.

Nous avions accompagné Alex jusqu'à la grange, mais il ne nous avait pas autorisés à y entrer. La bête, qui s'était écroulée sur le sol, poussait des hurlements sourds, comme des gémissements.

« Attends, je reviens », me lança Iris en repartant vers la maison.

Alex s'était effondré par terre et tenait la gueule de la bête dans ses bras.

« Mais qu'est-ce que tu nous fais encore ? dit-il en sanglotant. Qu'est-ce que tu nous fais, hein ? »

Le bruit avait réveillé les autres vaches, qui observaient la scène d'un air tétanisé. Certaines me regardaient, comme si elles réclamaient de l'aide ou une intervention de ma part. Je n'avais jamais éprouvé une émotion de ce type, cette espèce de lien étrange, extrêmement troublant, qui nous unit à l'animal malgré l'absence de communication verbale. Je ressentais la même chose en présence d'un enfant.

« J'vais te redonner tes cachets, et tu vas rejoindre les autres, d'accord ? Hein, faut que tu sois forte, c'est juste un mauvais moment à passer. »

La bête continuait de gémir et semblait désespérée. Elle avait manifestement du mal à respirer et, surtout, elle paraissait bien plus maigre que ses congénères.

« N'approche pas, s'il te plaît ! me dit Alex alors que je commençais à m'avancer discrètement. Ça va la stresser, sinon, il faut me laisser seul avec elle. »

Je ne me fis pas prier et reculai d'un pas doux, pour faire le moins de bruit possible.

« Tu m'appelles si t'as besoin de quoi que ce soit, surtout. Je reste à côté. »

J'étais en train de sortir de la grange quand Iris me fonça dedans, manquant de me renverser.

« Ah, pardon ! Excuse-moi, on voit rien dans ce bordel. »

Elle avait un trépied à la main.

« Mais qu'est-ce que tu fous avec ça ?

– Bah tu vois bien, j'vais installer la cam. T'as vu comme c'est touchant, faut pas rater ça !

– Mais t'es dingue, il veut pas qu'on rentre, il vient de me le redire. Allons-nous-en.

– Oh t'inquiète, je vais pas rentrer ! ajouta-t-elle, alors qu'elle commençait à installer son matériel. J'vais juste me mettre tranquillement devant, tu vois, personne ne remarquera que… »

Je lui pris le trépied des mains.

« Mais ça va pas ? Qu'est-ce que t'as, sérieux ?

– Mais putain, Iris, tu vois pas qu'il est mal ? murmurai-je pour ne pas attirer l'attention d'Alex.

– Qu'est-ce que tu peux être chiant, dis donc ! Pousse-toi, j'vais pas leur faire de mal, et si t'es parano à ce point, bah rentre à la maison, mais me saoule pas. »

Elle recommença à installer son trépied. Alex était toujours allongé auprès de sa bête, qui semblait de plus en plus mal en point.

« J'ai réussi à filmer le casino de l'intérieur tout à l'heure, et sans me faire griller, alors c'est pas une vache mourante qui va m'impressionner, si je… »

Je me postai devant Iris.

« Tu dégages ton matos, ou je te jure que je le fous à l'eau », lui dis-je d'un ton sévère.

Elle soutenait mon regard et avait une sorte d'air moqueur sur le visage.

« Tu n'abandonnes jamais, toi. Un vrai tyran. »

Je me tenais droit comme un i, prêt à l'intercepter.

« C'est bon. Détends-toi. Je retire le matos. »

Le véto revint le lendemain matin et, contre toute attente, la vache avait survécu. Les cachets que lui avait donnés Alex avaient stimulé son cœur pendant qu'il en était encore temps et renforcé son faible métabolisme. Sur le coup de midi, la bête pouvait de nouveau se tenir debout. Mais elle était toujours malade et devait suivre un traitement rigoureux pour éviter de nouvelles rechutes.

Je décidai de passer tout l'après-midi suivant auprès d'Alex, qui avait des achats à faire chez des fournisseurs des alentours. Iris avait préféré rester à la maison car elle avait « du montage à faire » pour ses réseaux.

Sur la route, j'avais profité du calme pour en savoir plus sur les problèmes de santé de la vache en question, et sur les éventuels liens avec d'autres phénomènes qui avaient pu se produire dans la région. Mais Alex restait évasif et se contentait de me répéter : « C'est une baisse du système immunitaire dont l'origine est inconnue. »

Je repensai à la discussion que j'avais eue avec Marie-Hélène, quelques jours plus tôt, au sujet des terres rares. Je n'arrivais cependant pas à faire le lien avec l'exploitation des parents d'Alex, étant donné que je n'avais pas remarqué d'éoliennes dans les environs de Ruffosses, ni de pollution particulière. Au contraire, le lieu semblait sain et pur, et surtout très éloigné des nombreuses usines qui tapissaient toute une partie de la ville de Cherbourg. On était à l'abri.

Alors que nous passions près du port pour retourner à la maison, je proposai à Alex d'aller prendre un verre. Il venait d'avoir le voisin au téléphone et celui-ci avait été plutôt rassurant sur l'état de santé de Joséphine – la vache.

« Elle court encore plus qu'avant ! J'sais pas ce que le véto lui a donné, mais ça l'a drôlement requinquée, c'est une bête solide. Elle tiendra ! »

Nous nous installâmes à L'Équipage, un confortable bar-resto situé en hauteur et qui offrait une vue impressionnante sur le port de Cherbourg. Au-delà, on pouvait voir distinctement l'immense rade, dont la construction avait été relancée par Napoléon au début du XIXe siècle. C'était l'une des plus grandes digues du monde, et à l'heure à laquelle nous étions arrivés, le soleil commençait à se poser au loin, d'une manière à la fois discrète et puissante. Le lieu me rappelait un bar où j'étais allé quelques années plus tôt, en Croatie, dans la ville de Zadar. On n'avait rien à envier à la Méditerranée.

« Je vais prendre… des accras de morue et peut-être… un verre de…

– David ?!

– Marie-Hélène ! Excuse-moi, je t'avais pas reconnue, t'as changé de coupe de cheveux !

– Ah, tu as remarqué ! J'ai voulu changer de tête, après tout ça…

– C'est vraiment cool de te voir avec ce sourire. Je te présente Alex, qui possède avec ses parents une petite ferme du côté de Ruffosses, vers le… »

Marie-Hélène avait bien failli ne jamais rebondir. Elle m'expliqua qu'après notre rencontre fortuite lorsque nous faisions du stop, elle était tombée en dépression et avait dû être hospitalisée. La déchéance sociale avait été trop brutale à absorber et l'une de ses copines de galère, Mathilde, l'avait assistée dans sa déroute.

Elle avait été emmenée à l'hôpital du Bon-Sauveur, un établissement de la région spécialisé dans la psychiatrie pour adultes, et un jeune médecin l'avait tirée du ruisseau.

Marie-Hélène avait perdu beaucoup de poids mais son état général s'améliorait et elle avait même réussi à trouver un logement grâce à son contrat de serveuse.

« Je remonte tranquillement la pente, je n'ai plus d'idées noires, et j'ai totalement arrêté l'alcool », me confia-t-elle alors que je réglais l'addition.

Alex s'était pris d'intérêt pour son histoire. Son propre

père avait lui aussi traversé des périodes compliquées, dans le passé, et avait longtemps été sous médicaments pour lutter contre la dépression. C'était plus que jamais le mal du siècle.

En repartant à Ruffosses, nous nous arrêtâmes quelques minutes au niveau de la piscine de Collignon, qui se trouvait au bord de la plage.

« J'ai passé toute mon adolescence ici, c'est pas compliqué, me confia Alex, alors que nous marchions le long de la mer. Ça remonte à pas si longtemps, on s'installait avec des potes, là, on prenait avec nous des bières et des pizzas à emporter, un peu de musique, et c'était le paradis. »

Je l'écoutais avec jalousie.

« On n'était pas tous voués à un grand avenir, et pas mal de gens du groupe sont au chômage maintenant, ou ils ont des jobs basiques. Mais c'était bien. Sans fioritures, sans prise de tête, sans parents. On savait qu'on n'avait pas accès aux mêmes bars que les Parigots, aux mêmes boîtes, aux mêmes sorties, on n'aurait pas eu les moyens de se les payer, de toute façon, mais on s'éclatait, qu'est-ce qu'on s'éclatait ! T'avais la mer, la plage, le vent dans la gueule, et souvent on se les caillait, mais putain, on n'avait besoin de rien de plus ! On dansait sur du Damso et du Therapie Taxi, le kif total. Je sais… ça doit te paraître banal, un peu cliché, sauf que je sais qu'il y a quelque chose de différent, ici. Enfin, pas à Cherbourg spécialement, hein, mais à la campagne en général. En province, comme vous dites. On a beau dire, au final y a toujours le p'tit complexe quand on vient à Paris, ou même style à Lyon ou Bordeaux. Mais surtout Paris. Toujours l'impression qu'on a loupé un truc, qu'on s'exprime différemment, qu'on a une case de vide, presque. Et de fait, je sais que le niveau des bahuts, c'est vrai qu'il est pas ouf, je ferai pas HEC, et j'ai conscience que je terminerai peut-être pas directeur mondial de je sais pas quoi, les ambitions sont pas les mêmes, ici. Mais ce qu'on a, vous l'avez pas. Et ça vaut largement vos soirées et vos rooftops de Montmartre… Tu crois pas ? »

Iris avait refusé de m'aider à nettoyer le clapier, le lendemain matin. Elle disait avoir du boulot. Alors je m'étais tout tapé seul, car Alex devait rester auprès de ses vaches pendant ce temps. L'opération avait duré plusieurs heures et, après cette première tâche, je devais m'occuper des poules, qui avaient chié partout, les connasses. Je ne m'habituais pas à cet aspect de la vie à la campagne.

« Regarde-moi ça, un vrai p'tit paysan ! » s'exclama Iris de la fenêtre du bureau où elle s'était installée pour son montage.

Son égoïsme devenait insupportable et n'avait eu de cesse de s'amplifier, depuis qu'elle avait explosé ses scores sur YouTube. Le stream lui avait défoncé quelques codes sociaux dans sa tête.

« Tu comprends, Dada, c'est pas que vos p'tites histoires de crottes et de fourrage m'intéressent pas, mais là, si tu veux, je gagne entre cinq cents et huit cents abonnés par jour, alors tu viens pas m'emmerder ! » m'avait-elle dit lors du déjeuner, sans qu'Alex commente.

Elle m'agressait avant même que je l'attaque, de façon

préventive. Malgré tout, je savais qu'il ne fallait pas tout prendre au pied de la lettre avec elle, je commençais à connaître sa personnalité duale. Elle se montrait souvent impulsive, voire très hargneuse, puis elle revenait me voir quelques heures plus tard en s'excusant. Alors je ne relevais pas toujours. Même si j'avais souvent envie de la tuer. Si elle avait été un homme, je l'aurais probablement tabassée.

Une à deux fois par jour, elle installait sa caméra et son foutu trépied dans un coin du jardin, ou directement sur la terrasse, et elle s'enregistrait. L'exercice avait le don d'agacer Alex, qui n'avait pas franchement signé pour ça en proposant du woofing chez lui, mais elle savait y faire, et on avait dû l'accompagner dans un magasin spécialisé du coin pour qu'elle puisse s'acheter un micro-cravate. Parce que le son de la caméra n'était pas d'assez bonne qualité, selon elle.

Lorsque je n'avais plus rien à faire dans la basse-cour, je venais la voir. Toutes ses vidéos n'étaient pas passionnantes mais je reconnaissais qu'elle mettait du cœur à l'ouvrage. Elle ne se contentait pas de tourner et d'enregistrer des images et du son ; elle montait, étalonnait les couleurs, réglait les niveaux de blanc, appliquait des filtres, mixait, mastérisait et choisissait les *thumbnails* (c'est-à-dire les aperçus qui illustraient la vidéo, sur la plateforme), cela avec une grande dextérité.

« Tout compte, nous répétait-elle, souvent à l'occasion des repas, en précisant à quel point l'algorithme de YouTube était encore plus pointu que celui d'Instagram. Vous n'imaginez pas le nombre de paramètres qu'il faut prendre en considération ! La durée des plans, les *zoom in*, *zoom out*, la musique de fond, les effets spéciaux, les ralentis, les accélérés, le texte de description, les *metadata*… Et si vous vous niquez sur un de ces points, bah vous êtes mort, et la vidéo sera perdue au fin fond de l'algorithme. Et j'vous parle même pas des chaînes qui sont *shadow banned* parce qu'elles abordent des thèmes *touchy*. Internet, c'est la guerre ! »

Elle orientait de plus en plus son travail vers des sujets critiques, voire politiques, car elle avait remarqué qu'il y avait un grand vivier d'amateurs, surtout en France. « En fait, faut faire du *Cash Investigation*, avait-elle expliqué alors que nous prenions l'apéro dehors. C'est-à-dire du fond et en même temps du sensationnel. Là, t'exploses les compteurs. Surtout avec la période de psychose qu'on vit en ce moment. Les gens veulent de la viande fraîche. »

Jusque-là, elle avait surtout traité des sujets généralistes touchant à la crise économique ou à la pandémie. Mais depuis quelques jours, elle avançait sur des sujets à tonalité plus écolo-friendly, comme le glyphosate ou la souffrance animale. Sa vidéo sur l'utilisation des visons dans l'industrie du luxe avait dépassé les cent mille vues, et avec son sens incomparable de la vulgarisation – elle tournait l'essentiel du temps en maillot de bain en faisant des blagues toutes les deux minutes pour ne pas perdre son auditoire –, les commentaires positifs se multipliaient sous ses publications.

De ce que j'avais vu, il y avait un bon nombre de mecs qui la suivaient déjà sur Instagram et qui souhaitaient continuer à se rincer l'œil sur YouTube, mais elle avait également atteint une tout autre audience : celle des jeunes réellement engagés dans la cause environnementale. Et en

2020, cela représentait une masse très importante de gens, en particulier sur internet. D'autant qu'elle poussait l'exercice loin, en postant les sous-titres anglais de ses productions de façon à ce que des non-francophones puissent également la suivre.

Son perfectionnisme me fascinait, à peu près autant qu'il m'insupportait.

Alex restait profondément inquiet au sujet de ses bêtes. Joséphine ne montrait plus de signes de faiblesse, et le vétérinaire, qui était repassé, avait tenu des propos plutôt rassurants. Mais ce n'était pas la première fois qu'elle était malade – je l'avais compris en tombant sur un message téléphonique qu'avait laissé le père sur la boîte vocale.

Malgré tout, Alex m'avait comme lâché la bride au quotidien, il avait enfin arrêté ses intempestives remarques sur ce qu'il fallait faire ou ne pas faire dans la maison. Et je sentais qu'il ne se forçait pas. On était presque sur le point de devenir potes.

Nous prîmes même l'habitude d'aller courir ensemble, un jour sur deux, pendant qu'Iris s'acharnait à la maison pour « sortir » ses interminables vidéos à l'heure qu'elle avait unilatéralement décidée.

« C'est drôle, les Parisiens, vous avez toujours le don d'apporter vos habitudes partout où vous allez, m'avait dit Alex alors que nous faisions un jogging dans le coin.

– C'est vrai que t'as pas tort ! J'dirais que c'est une sorte de confiance ou d'acharnement dans ce qu'on fait, qui nous empêche de nous arrêter, même en vacances. Ou en woofing !

– Tu crois ? Moi j'pense que c'est plus basique que ça.

C'est une sorte de sentiment de supé… de supériorité. » Il crachait ses poumons.

« Hm, ouais. Possible. C'est tout ce côté centralisé, aussi, étant donné que le pays regroupe une grande partie des activités à Paris, du coup on se sent à l'aise partout… Ce qui est sans doute con, je te le concède !

– Nan mais j'm'en fous, tu sais, je fais ma vie, et j'ai assez de… pfiou… c'est dur… j'ai assez de… j'ai mes propres obligations, quoi ! Mais j'trouve ça dommage de pas se mettre dans le délire complètement, j'veux… j'veux dire, c'est le principe du woofing, quand même, à l'origine.

– J'essaie de jouer le jeu, de mon côté, je fais ce que je peux, mais… on tourne à droite, là ?

– Ouais, ok.

– Mais Alex, ça… ça fait longtemps que vous en faites, du woofing ?

– Ah moi d'habitude je m'occupe pas trop des gens, c'est mon père qui le fait, mais depuis qu'il… attention, y a un tracteur qu'arrive. Allons plutôt à gauche. »

Nous traversâmes une clairière située dans une sorte de cuvette ornée de pins et de fougères. L'endroit me rappelait les longues balades que je faisais avec ma tante Dany, dans le Béarn, lorsque j'étais plus petit. Et aussi certains coins du Gers, où nous étions parfois allés avec mes parents, dans les années 2010. Je retrouvais non pas mes racines, moi qui avais toujours vécu en ville, mais je renouais avec l'une des plus belles parts de mon existence éveillée.

Ce jogging faisait sauter tous les verrous. Peut-être était-ce à cause de l'environnement particulièrement sauvage, ou simplement des endorphines qui avaient sur Alex un effet apaisant.

« On a vécu des trucs durs, récemment, 2020 aura vraiment été une année catastrophique.

– Oui, comme pour beaucoup de personnes, c'est clair.

– Ouais bien sûr, il y a plein de commerces qu'ont fermé sur Cherbourg, t'as dû remarquer, mais… c'est aussi que… »

Il ne parvenait pas à lâcher le morceau.

« Tu sais, Alex, j'ai l'impression qu'on a déjà vécu pas mal de choses depuis le début de l'été, alors vraiment, sens-toi à l'aise, je vois bien que… »

Il avait du mal à courir, et sa voix tressautait.

« Ça a commencé y a quelques mois, en fait, juste après le… enfin juste après le reste… Il a d'abord eu des migraines, on a pensé au Covid mais ça n'avait rien à voir. Mon père est quelqu'un qui ne se plaint jamais, alors forcément, il en a pas tout de suite parlé à ma mère. »

Il semblait exténué.

« Mais tu veux pas qu'on s'arrête, Alex, franchement ?

– Non non, au contraire, ça me donne de la force de courir, le mouvement c'est la vie. Il respirait fort. Et donc, au début il a rien dit, il se plaignait qu'il avait les jambes lourdes, mais rien de très sérieux. Mais après, c'était comme… comme quelque chose qui le rongeait de l'intérieur, c'est ce qu'il a dit au voisin, qui en a parlé ensuite à ma mère. Des semaines plus tard, il est enfin allé consulter son généraliste. Avec l'épidémie, c'est de plus en plus compliqué d'avoir des rendez-vous, et mon père a tendance à vouloir laisser la place aux cas les plus urgents, tu vois le genre… Et… ensuite ça a pris du temps, il a été sur

Cherbourg voir un spécialiste, puis un autre, puis un troisième et… »

Je m'attendais à son annonce.

« Bref, après des scanners et une IRM, la sentence est tombée. Cancer du poumon. Il a commencé sa chimio à Caen, il y a quelques semaines maintenant. C'est pour ça qu'il est pas là, en fait. Ma mère l'accompagne. On croise les doigts. »

Le monde se trouvait dans un état de préguerre mondiale, et notre président startuper qui avait tenté de moderniser le pays semblait impuissant face aux défis et autres catastrophes qu'il avait à gérer. Il essayait surtout d'éviter les balles.

L'économie était en train de se casser la gueule à une vitesse impressionnante et les rapports de force jouaient puissamment en faveur de l'Est, qui avançait ses billes depuis que le Covid avait infiltré la planète Terre. Les sociétés vacillaient et se fracturaient au gré des confinements et des restrictions qui, indirectement, préparaient des chocs multiples et peut-être même des famines. Pourtant, personne ou presque ne pointait du doigt l'origine possiblement écologique de la pandémie. Les activités humaines qui progressaient partout sur la planète avaient eu pour effet de détruire des écosystèmes entiers et les conséquences étaient encore à peine visibles. On savait que le contact avec les animaux sauvages, facilité par la déforestation, pouvait être à l'origine de la situation que nous vivions, mais le problème était tout juste évoqué. On n'ignorait pas que les chauves-souris, par exemple, étaient en mesure de contaminer les cochons – notamment –, lesquels ensuite propageaient l'infection dans l'environnement. Mais cela n'intéressait personne. Et on pouvait craindre, selon bon nombre de scientifiques, une recrudescence des épidémies à l'avenir. Nous n'étions pas au bout de nos peines.

L'heure n'était pas à la raison, et même si je me sentais quelque peu éloigné de la presse et autres chaînes d'info en continu, j'étais accablé de voir qu'une bonne partie des gens faisaient tout pour amplifier les polémiques. Ils jouissaient. Les anti-masques insultaient les pro-masques, et vice versa, des médecins attaquaient d'autres médecins en justice, quand certains s'improvisaient politiciens, des intellectuels sombraient dans un conspirationnisme proche de l'occultisme, quand d'autres donnaient l'impression de travailler pour le gouvernement, des trolls s'agitaient un peu partout pour militer en faveur d'une cause, comme si la science était affaire de goûts et de couleurs, et la France, qui revenait déjà de loin, s'enfonçait dans ses fractures qui façonnaient une dislocation générale.

On avait beau se sentir relativement à l'abri dans notre pittoresque Cotentin, rien ne pouvait échapper à la vague qui n'était pas qu'épidémique mais civilisationnelle, et qui frappait tous les pays sans distinction. Certains s'amusaient à expliquer que la Suède ou d'autres pays échappaient miraculeusement au phénomène, mais les chiffres étaient têtus, et chaque fois qu'on croyait à une exception, on apprenait quelques jours ou quelques semaines plus tard que le virus prenait là aussi de l'ampleur. Avec son lot de malades, d'agonisants et de mourants.

J'interprétais ce déni d'une partie de la population comme une peur, d'ailleurs bien légitime, et effectivement terrifiante, de la mort. Pas nécessairement la mort physique, mais la mort économique, sociale, culturelle, voire spirituelle. D'aucuns ne voulaient pas croire à la nécessité de fermer tel ou tel commerce, tel ou tel lieu – de fait, les gouvernements avaient multiplié les impairs en la matière. Ils ne voulaient pas y croire car ils avaient peur de s'éteindre, de ne jamais retrouver certaines habitudes, certains plaisirs, certaines formes de vie. Moi aussi, j'avais peur. J'étais même dans une angoisse incessante.

Avant de me faire mettre en chômage partiel, j'avais mal supporté le télétravail. La pratique comportait des avantages et permettait de gagner quelques minutes de sommeil le matin, mais que c'était ennuyeux ! Je n'exerçais pas un job particulièrement pénible, j'étais cependant attaché, comme la plupart de mes collègues, aux échanges physiques, verbaux et informels qui constituaient en réalité l'essentiel de la valeur de ce que nous faisions. La dimension la plus déprimante du phénomène, c'est qu'on savait, chiffres à l'appui, que le travail à distance permettait souvent des gains de productivité, dans la mesure où les pauses et les distractions pouvaient s'avérer réduites, quand on bossait de chez soi.

Mais rien de tout cela ne concourait au bien-être de chacun. La machine organisationnelle avait sans doute tout à y gagner – je ne pouvais pas imaginer que certaines boîtes ne profitent pas de l'opportunité pour réduire des droits sociaux acquis de haute lutte –, sauf que j'en avais rien à foutre, moi, du sort de ma boîte. Ou plus exactement, ce n'était pas mon souci premier. J'avais mes propres objectifs, mes propres désirs, mes propres passions, et tout cela passait avant la valeur boursière ou même basiquement économique de ma « structure ». Qui pouvait raisonnablement penser autrement ?

Le monde qui se préparait, et qui se modifiait en temps réel comme un gâteau qu'on cuit au four, ne portait rien de bon pour les peuples, et même pour l'homme en général. Les entreprises faisaient feu de tout bois pour automatiser leurs processus, qu'il s'agisse de la production, de la finance, du marketing ou des ressources humaines, et là-dessous, on était progressivement broyés, atomisés à l'extrême et brutalement simplifiés. Je connaissais assez bien l'informatique, suffisamment pour savoir que le modèle économique à venir reposait avant tout sur les données, les algorithmes et, comme disait Simon, la « scalabilité ». Or, si des ingénieurs et des spécialistes du *big data* s'avéraient nécessaires pour mettre en place ces processus et ces contrôles, il s'agissait surtout, et ça, personne n'osait l'avouer clairement, de supprimer les tâches proprement humaines partout où cela était possible.

Car l'individu contemporain, souvent formé et parfois même ultra-qualifié – surtout dans les pays occidentaux –, présentait malgré tout un défaut : c'était un homme, et donc un être pétri d'imperfections. Alors que le programme, le processus automatisé, pouvait, moyennant certains réglages, tendre vers l'erreur zéro. Or moins il y avait d'erreurs, moins il fallait contrôler et refaire un certain nombre de tâches, plus les profits étaient grands.

Iris, qui maîtrisait ces dossiers sur le bout des doigts, m'en parlait souvent avec détachement. Elle m'avait montré une vidéo d'Oussama Ammar – le gourou de la tech que mon ami Simon avait en modèle – qui évoquait une sorte de challenge en cours au sein de Goldman Sachs. La banque, qui essayait comme toutes les autres de mettre en place des processus d'automatisation, avait découvert qu'au lieu d'inventer des systèmes permettant de supprimer des postes basiques, il était plus pertinent de s'attaquer aux grosses dépenses en tentant de trouver des méthodes pour supprimer des fonctions hautement rémunérées. Elle promettait donc une prime de dix millions de dollars à celui ou celle qui permettrait, en interne, d'arriver à un tel objectif. La pratique pouvait paraître cynique, et elle l'était évidemment, mais elle devait être mise en balance avec ce que toutes les autres grandes puissances essayaient de faire partout dans le monde. Pour rester concurrentes, les entreprises allaient devoir, de gré ou de force, tendre vers des modèles de ce type.

C'est dire si dans une telle transformation, qu'Alex sentait aussi venir gros comme une maison, la jeunesse ne savait plus quoi faire. D'ailleurs, s'il y avait quelque chose qui nous rassemblait tous les trois, c'était bien ce sentiment d'écrasement, d'absence totale de perspective, qui faisait de nous des personnes soit mornes, soit hystériques, mais jamais stables. Jamais tranquilles. Jamais en paix. On savait que rien ne nous serait épargné.

En ce début de vie que j'essayais de mener, j'ignorais, c'était sans doute normal, quelle attitude adopter. Je me trouvais encore dans une phase de découverte et ma présence à Ruffosses relevait d'une sorte de parcours initiatique, comme pour la plupart de ceux qui tentaient l'expérience du woofing. Mais je sentais qu'au-delà de cette volonté d'explorer de nouveaux horizons, il y avait encore et toujours cette peur. Je cherchais un abri plus qu'une évasion ou qu'un supplément d'âme. Je cherchais un lieu pour éviter les coups, ou faire en sorte qu'ils m'atteignent le moins possible.

Je me fourvoyais sans doute.

C'était l'après-midi, et Iris fut soudainement prise d'une envie d'aller en ville. Le télétravail qu'elle s'imposait continuellement provoquait chez elle non seulement des crises d'hystérie, mais aussi des épisodes de déprime de plus en plus récurrents.

Alex, qui avait passé une grande partie de la journée à prendre soin de ses bêtes, ne rechignait désormais plus à l'idée d'aller se balader, lorsque les tâches obligatoires étaient accomplies. Pour ma part, je prenais un plaisir sans cesse grandissant à rester dans le jardin, près des enclos, la présence des animaux me rassurait. Mais je suivais le mouvement du groupe, je ne voulais surtout pas susciter de nouveaux heurts en son sein. C'était un équilibre d'une grande précarité.

Nous atterrîmes dans un salon de thé qui s'appelait Le Caffè et qui proposait, outre des boissons chaudes diverses, un choix impressionnant de desserts. Alex, qui s'y rendait souvent après les cours, nous conseilla le cheesecake maison, qui semblait des plus appétissants. Iris, qui avait toujours faim, ne lésina pas sur les quantités : deux parts de gâteau, un jus de fruits 50 cl et un énorme brownie. Je remarquai qu'elle avait pris du poids depuis quelque temps, elle qui n'était déjà pas bien mince. Ça ne la rendait pas moins désirable, et lorsque je croisais son regard, j'avais souvent de brèves mais toniques érections.

Alex venait d'apprendre que ses cours se passeraient sans doute « en distanciel » à la rentrée suivante. Il pestait, étant donné que le fait d'aller en cours constituait pour lui une échappatoire de taille pour rencontrer de nouvelles personnes et, comme il le disait souvent, s'ouvrir aux innovations. Il avait beau maîtriser parfaitement les outils modernes, il sentait qu'il avait un déficit culturel à combler pour pouvoir rejoindre les boîtes qu'il visait. Ce n'était pas une peur de la discrimination, Alex ne faisait pas partie des prénoms sujets au racisme de certains employeurs. Pour autant, il avait conscience qu'habiter Cherbourg – et encore davantage un bled paumé à côté – ne constituait pas spécialement un avantage sur un CV. « J'ai parfois pensé indiquer une autre ville. »

Sa crainte était sans doute fondée. Lorsqu'il discutait avec nous – qui faisions ou avions fait des études relativement prestigieuses –, on pouvait souvent lire une légère honte sur son visage. « C'est quoi, ce concept, tu m'as dit ? » ; « Je connais pas cette boîte, elle fait quoi ? » ; « J'en ai entendu parler, mais j'vois pas trop. » Alex était loin d'être ignorant, il venait cependant de ce qu'on appelle la campagne, et ça, ça signifiait beaucoup de choses.

J'enviais pour ma part son mode de vie général, surtout lorsqu'il m'expliquait qu'il se rendait au bahut en bagnole et qu'il arrivait sur place en dix minutes à peine. Je subissais pour ma part le sort de la plupart des Franciliens, et ce qu'on appelle les migrations pendulaires étaient pour moi un enfer quotidien. Pourtant, j'habitais Paris – à supposer que porte de la Chapelle en relève encore –, mais je devais, comme tout le monde, emprunter plusieurs lignes de métro avant d'arriver à bon port. Quant à Iris, qui résidait à Issy-les-Moulineaux, elle mettait près de quarante-cinq minutes pour rejoindre sa galerie et subissait en prime des agressions, de façon chronique, de la part de pervers, de sexistes ou simplement de tarés. Elle comptait passer bientôt son permis scooter pour ne plus avoir à subir ces incivilités, qui l'obligeaient à mettre une tenue plus sobre dans les transports pour éviter les problèmes – quitte à se changer dans les locaux de sa boîte, une fois arrivée sur place. Ce cirque contraint commençait à lui taper sur le système.

Dans les grandes métropoles, les stratégies qu'utilisaient les filles pour limiter les désagréments avaient le don de me faire bondir de ma chaise, tant je trouvais la situation déplorable et pathétique. On vivait dans une société qui envoyait des robots sur Mars pour observer des cailloux, qui fabriquait de la viande de synthèse pour des illuminés et qui pondait toute l'année des applications à la con pour optimiser son épargne, mais on n'était pas foutu de protéger le cul des nanas de nos villes. Et le sujet n'intéressait pas grand monde. Les associations féministes faisaient un travail remarquable pour dénoncer les violences faites aux femmes, notamment au sein du foyer – la chose faisait régulièrement la une de la presse –, mais les signaux faibles, toutes les zones grises, les incivilités froides subissaient pour leur part une forme de normalisation. « Il faut faire avec », « C'est comme ça », entendait-on, y compris de la bouche des filles elles-mêmes.

Iris ne me donnait pas l'impression de vouloir prolonger son expérience verte au-delà de la date prévue, mais elle appréciait ce nouvel environnement qui, malgré ses nombreux défauts, faisait redescendre la pression sur à peu près tous les sujets. Moins de regards désagréables, parce que moins de monde, moins d'altercations, parce que moins de transports collectifs, moins de stress aussi, parce que moins d'agitation. Ces facteurs portaient en eux une valeur inestimable dans la France agonisante.

Il y avait eu une sorte de glissement idéologique depuis que la malbouffe, le réchauffement climatique et la souffrance animale avaient été portés à la conscience d'une grande partie de la jeunesse. Nous continuions pourtant tous les trois à manger de la viande et du poisson d'élevage, mais nous en consommions plus rarement qu'à l'époque de notre adolescence, et lorsque nous faisions des barbecues, par exemple, on ressentait toujours une espèce de culpabilité. Car on savait les quantités astronomiques d'eau et de CO2 que la production de viande nécessitait.

On était une génération flippée, mais plus que jamais révoltée.

Iris avait du mal à se concentrer sur son montage et n'arrêtait pas de soupirer.

« Tu devrais faire une pause, tu vas devenir chèvre en restant enfermée comme ça pendant des heures.

– Faut que je balance la vidéo ce soir, t'as pas vu ce qui s'est passé ?

– Non ? Qu'est-ce qu'il y a ? » J'avais marché une grande partie de la journée dans les bois.

« Bah va retrouver Alex, tu vas bien voir. » Elle paraissait à cran.

« Mais dis-moi !

– La vache est retombée malade.

– Ah merde ! Joséphine ? Encore ! Les médocs ne font plus effet ?

– Elles sont toutes malades, maintenant. Va voir, c'est un massacre. »

Je courus vers la grange, la gorge nouée. Je reconnus la voiture du véto qui, contrairement à d'habitude, n'était pas garée devant la maison, mais juste devant la barrière qui délimitait le jardin de la ferme à proprement parler.

« Que se passe-t-il ? » m'écriai-je en arrivant dans le bâtiment.

Toutes les bêtes se trouvaient à terre, et le vétérinaire était en train d'essayer d'en ranimer une.

Alex, qui avait les mains pleines de sang, me regarda d'un air apeuré.

« C'est revenu d'un coup », lâcha-t-il, alors que j'accourais pour me jeter dans ses bras.

La bête poussa un dernier râle puis on entendit sa tête se fracasser sur le sol, comme le son d'une armoire qui serait tombée du troisième étage.

Nous discutâmes avec le vétérinaire qui semblait bien en mal de trouver une explication à tout ça.

« Son système immunitaire a de nouveau déraillé, et elle a chopé une infection qui a touché son pancréas et son rectum. Franchement, il n'y avait plus rien à faire. »

L'état des autres bovins était moins inquiétant, mais Alex craignait que le même phénomène ne les touche.

« C'est probable, vu les symptômes qu'elles ont toutes en commun. Mais il n'y a pas non plus d'évidence, pour l'instant c'est un vrai mystère, même si je vais bien sûr faire remonter ça au-dessus.

– Je demande à mon père de revenir, tu penses ?

– Oh, tu sais… je crois qu'il faut le laisser tranquille, là, vous traversez déjà beaucoup d'épreuves. Je vais passer régulièrement pour suivre tout ça. Il ne pourra rien faire de plus, à son niveau. »

Quelques heures plus tôt, Iris avait enregistré – avec l'accord d'Alex – une vidéo de l'incident. Elle s'était installée discrètement dans un coin de la grange et avait pour l'essentiel capté les sons ambiants, vu que la situation se passait de commentaire. Elle semblait fortement ébranlée et, en la voyant ajuster les pistes de la table de mixage du logiciel de façon qu'on puisse entendre les hurlements de Joséphine, je remarquai que sa main tremblait.

Pour le moment, elle ne cherchait pas à analyser ce qu'elle avait vu, elle voulait uniquement montrer les images.

« Alex reste toujours très vague, alors que je sais qu'il a des infos importantes. J'vais enquêter de mon côté. »

Iris et moi préparâmes le dîner qui s'annonçait pesant. Le cadavre de Joséphine avait été enlevé par un camion quelque temps avant, et Alex, qui avait passé tout le début de soirée à remplir des papiers et diverses déclarations administratives, était parti s'isoler dans sa chambre.

« Tu trouves pas tout ça bizarre, quand même ? me demanda Iris, alors que je lui servais de la salade de riz.

– Évidemment que si. Ça fait pas de doute que tout est lié.

– Tout ? Tu veux dire avec les poissons morts du bassin ?

– Oui, et son père.

– Qu'est-ce qu'il a son père ?

– Tu sais pas ? »

Je me sentis obligé de lui parler du cancer qu'il avait contracté. Même si elle s'était doutée d'un problème lorsqu'un gars du salon de thé était venu nous voir quelques heures auparavant, Iris n'avait pas été mise au courant. La nouvelle la terrassa.

« Cancer des poumons, putain… Mais il fumait ?

– Je sais plus ce qu'il m'a dit, il m'en a parlé lorsqu'on est allés courir l'autre fois… Je crois qu'il a été fumeur étant jeune, mais genre il y a vingt-cinq ans.

– Et ça peut laisser des séquelles sur les poumons, autant d'années après ?

– Aucune idée. Ça me paraît peu probable. Après… tu sais, les cancers ont des causes tellement multiples, c'est justement pour ça qu'on a autant de mal à les soigner.

– Je sais. Et puis bon, c'est vrai que c'est pas nos oignons… Tu parles d'un woofing, ce truc. »

Alex n'avait toujours pas quitté sa chambre et nous avions laissé une assiette pour lui sur la table de la cuisine. J'avais bien essayé d'aller lui parler en toquant à la porte, mais il n'avait pas répondu. Je l'entendais pourtant souffler à l'intérieur. Comme une mère qui aurait perdu son petit.

Iris et moi avions trouvé refuge sur la terrasse pour profiter d'un air plus frais. L'atmosphère n'avait cependant rien de paisible car nous entendions de façon intempestive les gémissements des vaches, au loin. Elles n'étaient pourtant plus que quatre. Les traitements que leur avait donnés le véto avaient pour l'instant un certain effet, mais elles hurlaient quand même. Peut-être parce qu'elles pleuraient leur sœur, ou qu'elles se sentaient elles-mêmes menacées. Le mystère des sentiments qu'exprimaient les animaux m'apparaissait impénétrable.

Plusieurs phénomènes se produisaient et d'une certaine manière se rencontraient, dans cette ferme. Je ne parvenais cependant pas à établir l'origine du mal, puisque des causes diverses pouvaient expliquer les événements survenus. Les vaches pouvaient contracter des maladies, du moins je savais que cela arrivait ; les poissons pouvaient s'intoxiquer en raison d'un pH trop élevé ou de la présence de nitrites ou d'ammoniac en trop grande quantité. Il n'y avait rien d'exceptionnel ni d'extraordinaire, en somme.

Quant au cancer, j'avais l'impression qu'il emportait les hommes sans raison évidente : dans ma famille, j'avais perdu un oncle d'une métastase pancréatique et un autre d'une tumeur aux poumons, alors qu'ils étaient tous les deux jeunes, en bonne santé et ne présentaient aucun des facteurs de risque normalement associés à leur apparition. On n'y comprenait rien. Il y avait des fumeurs qui mouraient à quatre-vingt-dix ans d'une crise cardiaque, sans jamais avoir développé d'autres problèmes ; des mecs qui faisaient des cancers du sein, sans raison particulière ; des non-fumeurs et non-buveurs qui développaient des tumeurs de la gorge, ou de la langue. C'était le règne de l'invraisemblance. Alors je ne me voyais pas échafauder d'obscures hypothèses au sujet de ce que j'avais vu.

« Bon, je vais aller me poser dans ma chambre, je supporte plus ces hurlements, ça m'angoisse, me dit Iris en se levant.

– Bonne nuit alors, essaie de pas trop ressasser tout ça, même si je sais que c'est glauque…

– Tu viens pas avec moi ? »

Iris n'avait montré aucun signe explicite vis-à-vis de moi depuis que j'étais revenu à la ferme – en matière sexuelle. Nos relations avaient changé et, au quotidien, je passais bien davantage de temps avec Alex, avec qui j'avais construit une relation plus solide. Mes échanges avec elle étaient devenus plus amicaux, et si son corps me faisait toujours autant d'effet, ses comportements changeants et salement opportunistes m'éloignaient d'elle. Du moins sur le plan intime, qui supposait de mon point de vue une connivence totale entre les êtres – fût-ce pour quelques minutes seulement.

Je m'étais allongé auprès d'elle sur le lit dont elle avait rabattu les draps. Il faisait moins chaud qu'au début du séjour, mais nous avions l'habitude de nous mettre nus pour être à l'aise et sans doute aussi pour nous montrer l'un à l'autre. Nous n'étions pas des gens pudiques.

À la maison, nous n'avions plus le droit d'aborder certains sujets. Depuis le nouvel incident, Alex s'était comme renfermé sur lui-même et ne nous adressait presque plus la parole.

Le matin, je m'occupais de la basse-cour – parfois avec Iris – d'une façon machinale, comme un devoir que je devais réaliser. L'exercice ne me déplaisait pas, mais je n'avais plus d'entrain, plus d'enthousiasme, plus de joie à le faire. Dans ma tête, je revoyais sans cesse les images de cette bête abattue, et surtout des mains d'Alex, ensanglantées, qui suscitaient chez moi des terreurs nocturnes.

Je dormais désormais avec Iris, dans sa chambre ou bien dans la mienne, selon notre humeur et la température des pièces. Le drame avait eu pour effet de créer deux clans : d'un côté, elle et moi, de l'autre, Alex et ses bêtes, qui faisaient corps.

Il déjeunait toujours en notre compagnie, mais quand venait le soir, il avalait un bol de fromage blanc en quatrième vitesse et partait se réfugier dans sa chambre devant

Netflix ou Amazon Prime. Il essayait de penser à autre chose.

Plusieurs fois, nous lui avions proposé de l'aide, et une écoute, mais à chaque fois, il hochait négativement la tête. Au quotidien, il se limitait à des échanges avec le voisin, et bien sûr avec le véto, qui venait presque tous les jours à la ferme. La situation semblait stabilisée. J'avais toutefois la sensation que le problème n'était en rien réglé et qu'il fallait s'attendre à d'autres bouleversements. Une ambiance négative et malsaine rôdait en permanence, comme si le drame était en train de poser ses valises chez nous.

Iris avait publié son embarrassante vidéo qui montrait la scène de façon crue, avec un montage minimaliste et sans aucun fond sonore – contrairement à ce qu'elle faisait d'habitude. Il faut dire que les images parlaient d'elle-mêmes.

Le caractère sensationnaliste de l'opération avait de quoi me dégoûter, et j'avais été surpris qu'Alex lui donne l'autorisation de filmer et de capter les sons. Ce n'était sans doute pas par gentillesse qu'il avait accepté. L'événement devait porter en lui-même une signification d'une haute importance que je n'arrivais cependant pas encore à déchiffrer.

En attendant, la publication avait suscité de nombreuses réactions, et au vu de la violence de la scène, YouTube l'avait vite démonétisée. Elle restait toutefois accessible à ceux qui la cherchaient, et un nombre élevé de personnes postaient des questions en commentaires pour connaître l'origine de la mort de l'animal.

Iris avait voulu rester prudente et s'était contentée d'indiquer, en guise de description, que la vidéo montrait la « mort inexplicable d'une vache laitière en Normandie ». C'était déjà bien assez pour faire le buzz.

Elle avait conscience que ce qu'elle faisait n'était pas neutre, ni encore moins anodin, mais elle assumait son intention et avait partagé son travail sur son compte Instagram, ce qui avait suscité une large vague de désabonnements. « Ces charos étaient juste intéressés par mes boobs, maintenant que je m'engage, ils se cassent ! Qu'ils aillent se faire enculer. »

Iris parlait vraiment comme ça.

La vidéo avait dépassé les deux cent mille vues et certains commentaires, qu'Iris essayait de modérer comme elle pouvait, nous donnaient des infos importantes. Il y avait notamment des agriculteurs qui expliquaient avoir rencontré des difficultés similaires sur leur exploitation, notamment avec des vaches laitières. L'un d'eux avait perdu trois bêtes près de Nozay, en Loire-Atlantique, après qu'un vaste parc éolien avait été construit dans les environs – sans qu'on puisse déterminer si les deux phénomènes étaient ou non liés. Une mission d'enquête avait été diligentée par l'État pour éclaircir le problème : un câble enterré à très haute tension suscitait une forte inquiétude, car ses conséquences possibles sur l'environnement n'étaient pas limpides.

Le dossier pouvait être rattaché au problème plus général des terres rares, dont Marie-Hélène m'avait parlé et qui se trouvait souvent associé à l'apparition de certains cancers pédiatriques en Loire-Atlantique. Ces métaux étaient particulièrement réactifs aux champs magnétiques et étaient donc susceptibles, entre autres éléments, de polluer l'environnement.

Dans son long commentaire, l'éleveur expliquait que des analyses toxicologiques avaient été réalisées, lesquelles avaient abouti à identifier des profils de contamination chez deux enfants. Quant aux analyses des vaches et des veaux, elles avaient elles aussi mis en évidence une présence de métaux dans des proportions deux fois supérieures à la moyenne.

Ces contaminations pouvaient plus facilement s'expliquer chez les humains qui, dans leur quotidien, étaient en contact avec certains composants contenus par exemple dans les téléphones portables. Des études menées en Chine avaient ainsi établi des troubles du développement neurologique chez l'enfant dans un contexte où le fonds géochimique des terres rares était particulièrement élevé. Pour les animaux, la source environnementale paraissait plus probable, mais ne se limitait pas à la proximité d'éoliennes : les antennes de téléphonie mobile et les lignes à très haute tension étaient également soupçonnées, sans qu'il y ait pour autant de preuve incontestable, de mal réagir auxdits métaux.

J'avais passé un coup de fil à ma mère à qui je n'avais pas donné de nouvelles depuis longtemps. Je ne l'informai pas de ce qu'il s'était passé à la ferme et encore moins de ce que la vidéo d'Iris avait généré. D'ailleurs, je ne parlai à personne de ce qu'il se passait, par respect pour Alex, et surtout par égard pour son père.

J'entretenais néanmoins toujours des échanges avec Marie-Hélène, que j'appelais tous les deux ou trois jours.

Son travail à L'Équipage se passait pour le mieux et, malgré les incertitudes liées aux restrictions sanitaires, elle gardait « le cap », comme elle disait, et profitait de sa dignité retrouvée.

« Allô David ?

– Comment ça va, ma belle ?

– Écoute, on se plaint pas, les clients reviennent, ça fait vraiment plaisir ! Les gens dépensent moins, on sent qu'ils anticipent des crises à venir, mais y a aussi beaucoup de solidarité, ils reviennent dans les p'tits commerces, Cherbourg en a tellement besoin ! Et toi, tout roule ? »

Elle était tombée sur la vidéo qu'Iris avait postée et, même si elle n'avait pas immédiatement reconnu Alex sur les images, la description et les commentaires lui avaient mis la puce à l'oreille. Elle était épouvantée de ce qu'elle avait vu.

L'algorithme avait dû lui suggérer la vidéo, étant donné qu'elle s'intéressait de longue date au sujet des terres rares. Elle n'avait pas assez d'éléments pour pouvoir affirmer que c'était bien la cause du problème, mais ses doutes étaient plus que sérieux.

« Vous devriez agir maintenant. Faire quelque chose. Quels que soient les résultats, il faut investiguer. Tout le monde en parle en ce moment. Ça va bien au-delà du cas d'Alex. N'attendez pas. »

J'avais repris l'habitude de courir seul, en fin de journée. Alex n'avait plus la tête à aller faire du sport. Il n'avait d'ailleurs plus la tête à rien. Alors je partais de mon côté, pour réinitialiser mon esprit.

Il ne faisait pas spécialement chaud, et comme j'étais torse nu, je sentais le léger vent frapper ma poitrine, ce qui avait pour effet de diminuer la température de mon corps. J'avais pris une douche avant de partir et bu la moitié d'un litre d'eau. Pourtant, je me sentais sale.

Cette sensation me parcourait depuis déjà un certain temps et datait même d'avant mon arrivée à Ruffosses. J'ignorais précisément pourquoi, mais la vie au quotidien avait quelque chose de dégueulasse, voire de répugnant, en ville. Certes, mon appart de porte de la Chapelle ne jouissait pas d'un emplacement particulièrement prestigieux, ni safe, et l'environnement avait des aspects éminemment rebutants, mais ce n'était pas non plus un taudis. Les gens vivaient comme ils pouvaient, au contact de la pauvreté et des magasins *cheap*, en essayant de joindre les deux bouts entre leur RSA, ou leur emploi précaire, et parfois un peu de black. C'était plutôt un sentiment d'ensemble. Certains quartiers ressemblaient à des poubelles, certains métros à des chantiers permanents, et certaines rues à des coupe-gorges. Il se passait cependant peu de choses, en réalité, et l'insécurité des grandes villes était parfois surestimée, sauf que l'ambiance, l'atmosphère, elle, devenait souvent pesante. Je ne l'expliquais pas complètement : peut-être était-ce la trop importante densité de population, la concentration de bagnoles, le bruit incessant ou la pollution de l'air. Peut-être était-ce la profusion de marchandises, partout. Peut-être était-ce l'insuffisance d'espaces verts, ou le caractère policier des règles et interdictions diverses, dont on ignorait souvent l'utilité. Les villes ressemblaient à des espèces de laboratoires permanents, où des politiciens et des fonctionnaires zélés tentaient sans arrêt des trucs pour voir comment la matière – c'est-à-dire la population – réagissait à leurs expérimentations. Ces « experts » devaient en avoir, des dépressifs et des morts sur la conscience. L'État était une invisible machine à tuer.

On pouvait par ailleurs voir des espèces de chroniqueurs ou d'éditorialistes qui, bien que dépourvus de toute légitimité, donnaient des conseils et même des ordres aux gens, pour leur dire ce qu'il fallait faire et ce qu'il convenait de stopper. On ne sait pas d'où ça venait, c'était souvent opportuniste, ou cynique, mais ça frappait, ça nous frappait, au propre comme au figuré. Les gens essayaient d'éviter les coups en contournant les règles, en les aménageant pour qu'elles deviennent moins pénibles. Il y avait des zones grises et des systèmes D un peu partout, pour pouvoir continuer à tenter des choses, à avancer, à faire tomber des barrières, à progresser, fût-ce en violant la loi. La chose était parfois nécessaire pour ne pas dégringoler complètement.

Alors il y avait du black, du deal et du crack, et des personnes en marge. Des Français, des étrangers, des migrants, qui tentaient de se faufiler dans un système qui n'avait d'autre motif que de persévérer dans son être en s'autojustifiant, en s'autocongratulant. Les jeunes, les vieux, les étudiants faisaient ce qu'ils pouvaient pour bouffer, baiser un peu, et payer, payer, payer. Ils imaginaient des méthodes, des techniques et des stratagèmes pour réduire les coûts, augmenter les quelques recettes et s'autoriser, de temps en temps, à « profiter ». Le coût de la vie était devenu tel dans les villes qu'on n'était obsédé que par une chose : survivre. Et ça nous prenait tout le temps qu'on avait.

En venant à la ferme, j'avais voulu me débarrasser de cette existence non seulement triste et débile, mais sale. Crasseuse. Mais en courant dans les bois, avec cette douce lumière de fin d'après-midi qui venait s'infiltrer entre les branches, je sentais cette saleté me rattraper. Pourtant, l'air était pur, il n'y avait aucune nuisance palpable. Pas de bruit, pas de pots d'échappement, pas de coups de pression, pas d'insultes, pas d'incidents voyageurs, ni de sonneries, ni de fumées, ni de brouhaha, ni de contrôle d'attestation. Il n'y avait pas d'odeurs infâmes, ni de marteaux-piqueurs, ni de flics, ni de couvre-feu. Je pouvais faire ce que je voulais, tourner à gauche, ou bien à droite, et même me suicider tranquille, si j'en avais envie. Il y avait tout pour être en paix, quelle que soit l'option choisie. Mais je me sentais souillé, dégueulasse, pourri. Car j'avais touché ces choses, cette grange, ce bassin et ces herbes. Je vivais dans cette ferme depuis déjà plusieurs semaines, dans cet environnement, dans ce lieu hautement suspect.

J'avais comme l'impression d'être infecté.

Iris avait préparé des pancakes pour le petit déjeuner et Alex rentrait de la traite. Contrairement à d'habitude, il avait l'air radieux.

« Comment ça se passe ? lui demandai-je, alors qu'il s'asseyait à la table. Ça fait plaisir de te voir sourire !

– Ouais, ça va plutôt pas mal, mais comme tu dis souvent, faut pas trop la ramener dans ces moments-là... Pour pas faire tourner le karma, hein ! »

La santé des vaches s'était nettement améliorée, et Alex avait reçu un appel de son père plutôt encourageant, dans la matinée. Son état général s'était stabilisé et il réagissait bien à la chimio, ce qui était déterminant pour l'efficacité du traitement.

Iris avait une mine enjouée et des projets plein la tête. Elle avait mis en pause ses vidéos « engagées » et était revenue, au moins pour quelque temps, à des thématiques plus légères. Il faut dire qu'elle avait été sollicitée par de nombreuses marques axées sur les produits bio qui souhaitaient lui proposer des collaborations. Les entreprises étaient très friandes des profils comme Iris, à la fois jeunes, décontractés et engagés sur des questions de société.

Les annonceurs étaient sans cesse à la recherche de personnalités à la fois populaires et fédératrices. Car en 2020, on ne faisait plus du business comme avant : depuis que des mouvements comme #MeToo et #BlackLivesMatter avaient mis en valeur et dénoncé certains phénomènes de société, chacun cherchait à incarner une cause. Les marques savaient qu'on ne pouvait désormais plus vendre sans s'adosser à des messages, à des mouvements et même à des lanceurs d'alerte. Elles avaient besoin de promouvoir une image d'acteurs responsables, même si la démarche qu'elles menaient s'avérait souvent purement opportuniste, et vicieuse. En la matière, le *green washing* avait toujours le vent en poupe et se mêlait à une sorte de politiquement correct assez insaisissable, qui évoluait régulièrement en fonction des scandales, des top tweets et des bruits divers qui traînaient dans les algorithmes. Même la marque de glace Ben & Jerry's – acteur politique majeur s'il en est – se lançait souvent dans des grandes envolées idéologiques sur les réseaux sociaux, sans doute pour qu'on ne sente pas le goût de l'ancien monde en avalant ses morceaux de cookies et de peanut butter.

Iris avait reçu une proposition de la part d'une marque de soda « made in France » – ElixGreen – qui, pour le lancement d'un nouveau produit au packaging minimaliste, cherchait des testeurs susceptibles de faire une vidéo du bazar. Comme il s'agissait de produire un contenu « sympa et décontracté », l'entreprise souhaitait des images brutes et simples, sans montage, pour que ça fasse plus « vrai ». Mais pour que le partenariat se concrétise, la marque n'exigeait pas seulement qu'Iris se filme en train de siroter sa géniale boisson, elle voulait que des amis à elle y figurent aussi.

Alex avait refusé catégoriquement, d'autant que, s'il y avait un seul sujet sur lequel il souhaitait éventuellement attirer l'attention, c'était ses vaches, et rien d'autre. De mon côté, je n'étais pas très chaud à l'idée de devoir montrer ma gueule à l'écran pour promouvoir une marque dont j'ignorais tout. Sur internet, il y avait peu d'informations à son sujet, à l'exception d'un article de blog à la con qui précisait que le projet avait été monté par « deux jeunes dynamiques issus d'une école de commerce ». Ce type de gens m'inspirait un profond dégoût. Par ailleurs, je n'étais pas particulièrement à l'aise avec l'idée de travailler, fût-ce ponctuellement, avec Iris. Elle avait un talent certain, et une fanbase très substantielle, mais je ne cherchais pas la popularité, et la manière dont elle choisissait ses sujets avait quelque chose de sulfureux. J'avais néanmoins besoin d'argent, et bien que le woofing soit une expérience quasi gratuite, elle ne rapportait pas un rond. Or j'avais du mal à continuer à payer les traites de mon crédit immobilier.

« Tu verras, j'ai déjà fait ce genre de collab pour mon compte Insta, et franchement, c'est de la balle ! m'expliqua Iris, alors que nous nourrissions les poules. Ils sont pas chiants, j'veux dire, si tu suis bien leur feuille de route, si ça se passe bien et qu'ils ont des bons taux de conversion sur leurs précommandes, bah gros, ils peuvent nous réembaucher, après. Et là, ça peut douiller. Surtout que j'peux te mentionner, donc s'ils aiment bien ta gueule, ils pourront même te proposer un deal perso ensuite. Et dans la période actuelle… »

J'avais pris une heure pour réfléchir, et après avoir vu, sur TikTok, la tête de con des fondateurs fils à papa, j'avais décidé de décliner la proposition. Mon honneur allait être sauf. Mais au moment même où je descendais l'escalier pour l'annoncer à Iris, qui bossait sur la terrasse, je reçus un mail de mon syndic. Il me demandait un appel de charges pour couvrir des frais de réfection de la toiture de l'immeuble où se trouvait mon petit appartement. J'avais très peu de tantièmes au sein de la copropriété, mais il y avait aussi très peu de lots. Alors le coût s'en voyait directement impacté : six mille euros pour ma gueule. Avec une première tranche à payer avant octobre.

J'acceptai la proposition des marchands de soda.

Nous avions pris place sur des sortes de transats, près de la terrasse, et le trépied avait été installé côté maison pour qu'on puisse voir la basse-cour à l'arrière-plan. C'était en quelque sorte devenu la marque de fabrique de la chaîne YouTube d'Iris : faire des vidéos in situ, sur l'exploitation elle-même, pour donner cet aspect « authentique » à la démarche.

L'agent de la boîte de com qui faisait l'interface nous avait laissé carte blanche sur le reste, et Iris, qui vouait une passion aux youtubeuses Natoo et Léna Situations, aimait surprendre ses « invités » – autrement dit les gens qui apparaissaient sur ses comptes.

J'avais dû me foutre torse nu et enfiler un maillot de bain, alors que le vent commençait à se lever. Ma chef m'avait légèrement maquillé et avait même voulu me mettre une boucle d'oreille à pince car elle trouvait que je ne faisais pas assez « cool » au naturel. J'avais, pour le coup, réussi à m'imposer.

Alex était parti s'affairer dans la grange et nous étions là comme deux blaireaux, avec nos sodas à la main, qui nous avaient été envoyés par colis express le matin même. J'avais goûté l'une des canettes en rab et la boisson – un mélange de thé glacé et de coca bas de gamme – s'avérait particulièrement dégueulasse.

Iris m'avait précisé que je pouvais, théoriquement, « dire la vérité » à l'écran, avant d'ajouter que si je m'aventurais à « critiquer trop clairement le produit », je ne toucherais pas l'argent – ni elle, d'ailleurs. Nous n'étions pas des journalistes, à l'évidence, mais des publicitaires indépendants.

J'étais un peu stressé par la mise en scène factice et, pour me détendre, je caressais la tête de Dorian qui s'était assis près de moi, la langue pendante. J'enviais ce chien qui ne connaissait que la joie, et j'aurais bien eu envie de lui céder ma place, au moment où Iris, hystérique, me balança la canette dans les mains.

« C'est bon, dégage le *dog*, j'vais appuyer sur *rec.* »

Pauvre monde. J'avais gagné mille euros.

La soirée était douce et notre petit trio se reformait progressivement, au-delà des tensions et des hypocrisies de chacun. Alex arrivait semble-t-il à penser à autre chose et le voisin, qui l'aidait de plus en plus au quotidien, lui servait de soupape, tant au plan physique que psychologique.

Je restais toujours hanté par ce qu'il s'était passé dans la grange, et obsédé par le dossier des terres rares dont

Marie-Hélène me parlait régulièrement sur WhatsApp en m'envoyant des articles parus dans la presse locale. J'étais néanmoins décidé à ne pas trop faire de vagues, d'abord pour essayer de ménager Alex, et aussi, assez égoïstement, pour pouvoir profiter encore un peu du séjour. Au fond, le problème ne me concernait pas directement, et mon retour à Paris devait avoir lieu seulement deux semaines plus tard.

J'avais allumé la chaîne hifi et mis une playlist de rap US. L'ambiance redevenait peu à peu plus propice à la détente et Iris, qui ne cessait d'accroître sa notoriété sur les réseaux, envisageait la rentrée avec sérénité. Elle avait tellement explosé en un temps record qu'elle hésitait même à arrêter, en septembre, son stage à la galerie de la rue Jacob. Elle savait qu'une importante fanbase constituait un atout primordial, qu'il était possible d'utiliser pour vendre à peu près tout et n'importe quoi sur internet. En une journée, elle avait gagné l'équivalent de deux mois de stage, pour un travail qui n'en était pas vraiment un.

Alex avait beau rester un tantinet à l'écart de ce qu'Iris faisait, il n'en était pas moins fasciné par sa force de frappe et avait pu concrètement l'évaluer après la vidéo tournée dans la grange – dont les vues continuaient à croître. « Si ça peut nous attirer un peu de soutien, et sensibiliser des gens, c'est toujours ça de pris », disait-il à ce sujet.

Pour ma part, je n'avais pas tardé à utiliser l'argent que j'allais gagner grâce au partenariat avec ElixGreen : j'avais déjà commandé un nouvel iPhone sur Amazon en cochant l'option « paiement en quatre fois ». L'outil était tellement pratique, pour tous les fauchés de l'humanité.

On avait fait cuire un poulet au four, avec des frites maison qu'Alex avait préparées grâce à des pommes du potager. « Vous verrez, ces patates douces sont dingues, j'ai ajouté un peu de thym dessus et de l'ail pour donner du goût. Sans faire dans le cliché, j'pense pas que vous en mangez des comme ça à Paname ! »

Je m'étais enfilé trois verres de prosecco et j'avais soulevé Dorian par les pattes avant pour danser avec lui, ce qui faisait délirer Iris. « Tu vas le traumatiser, ce pauvre *dog* ! »

Elle s'était de nouveau rapprochée d'Alex qui se laissait faire, comme toujours. Dès qu'elle arrivait vers lui pour lui foutre une claque au cul ou lui caresser le torse à travers son T-shirt trop grand, il fondait comme neige au soleil. Je n'étais pas jaloux, dans la mesure où je commençais à comprendre le mode de fonctionnement de cette nana : elle prenait quand elle voulait prendre, s'éloignait ensuite quelque temps, puis revenait, testait de nouveau, repartait, et ainsi de suite. Et ce, avec chacun de nous deux. C'était ce que j'appelais le mode régressif « vacances d'été », un mélange de sensualité primaire et de réelle excitation, qui se trouvait pimenté par le caractère bref du séjour – dès l'automne, tout ce cirque deviendrait beaucoup plus compliqué à mettre en place, dans le froid et la grisaille. Iris avait bien raison de se laisser aller ainsi, surtout qu'elle gardait en permanence le contrôle de la situation. Le pouvoir, c'est elle qui l'avait, et on sentait qu'en se comportant de cette manière, elle essayait de se faire le porte-voix de pas mal de filles qui se trouvaient encore, dans bien des cas, en situation d'infériorité par rapport aux hommes. Un peu à la manière d'un politicien, un influenceur ne quittait jamais réellement ses fonctions.

Le chien s'était assis sous la table de la terrasse pendant que nous prenions le dessert. Alex avait sorti de la glace aux marrons et des sorbets au citron, et j'avais ouvert une troisième bouteille de prosecco.

Les deux se roulaient des pelles, moi j'étais à deux doigts de m'endormir sur mon écuelle. La nuit était sombre et la petite lumière que nous avions laissée allumée à l'intérieur de la maison éclairait à peine nos visages. J'allais bientôt monter me pieuter.

Iris s'était mise à califourchon sur Alex, qui avait défait sa ceinture. Je matais du coin de l'œil. Ne sachant que faire, je caressais Dorian qui avait lui aussi envie d'aller se coucher, à entendre sa bruyante respiration.

« Bon, les gars, dis-je en commençant à me lever, j'pense que j'vais… »

J'eus tout juste le temps de me mettre debout que je vis Dorian se précipiter vers l'intérieur de la baraque en aboyant.

« Putain, mais qu'est-ce qu'il a encore, ce con ? » se plaignit Iris tout en restant avachie sur Alex.

Le chien courut vers le couloir qui menait à l'entrée de la maison en continuant à gueuler bruyamment. Je marchais vers le salon, les yeux encore dans le vague, quand j'entendis une porte se refermer d'un coup sec. Le bruit venait du garage.

Alex sursauta dans mon dos.

« Y a quelqu'un ? »

Nous n'avions pas pu dormir de la nuit et Alex, qui n'était pas du genre à se laisser faire, avait eu des paroles menaçantes : « Si je retrouve le fils de pute qui s'est pointé chez moi, je le descends ! Nan mais sérieux ! »

Je n'avais pas de piste particulière, ni davantage Iris, pour comprendre ce qu'il s'était passé. Mais Alex était persuadé que cela avait un lien, de près ou de loin, avec la vidéo de la grange postée quelques jours plus tôt sur internet. « Tout se sait dans ce bled de merde, et dès qu'un truc sort de la normale, ça parle, ça parle ! C'est un enfer. »

Son analyse rejoignait celle de Marie-Hélène, qui m'avait dit au téléphone : « Tout le monde en parle », quelque temps plus tôt. J'ignorais toutefois si elle voulait parler du problème des terres rares en général, et des multiples faits divers qui entouraient la question, ou de la vidéo d'Iris en particulier.

Toujours est-il qu'Alex prit la chose très au sérieux, même si j'avais essayé de lui dire que le bruit qu'on avait entendu était peut-être dû au vent, ou à un animal qui avait pu heurter la porte du garage. Il profita de l'occasion pour vider son sac.

Le visage fermé, il étala devant nous de nombreux documents ; certains s'apparentaient à des dossiers administratifs, d'autres à des décisions judiciaires, et il y avait aussi un bon nombre de photos d'animaux en couleurs. Des animaux morts ou malades. Iris était sur le point de sortir son téléphone pour enregistrer la scène mais je lui donnai un coup de pied en guise de désapprobation.

« C'était il y a deux ans », commença-t-il.

Alex nous expliqua que l'élevage de son père avait été victime d'un mystérieux phénomène. Les vaches et les porcs qu'ils détenaient sur l'exploitation avaient attrapé une sorte de syndrome qui avait fait brutalement chuter leur système immunitaire. Plusieurs vétérinaires avaient été sollicités, et l'inspection sanitaire dépêchée sur place, mais aucune maladie n'avait été identifiée. Certaines bêtes avaient subi des complications à la suite d'un vêlage, tandis que d'autres avaient attrapé des infections. Des traitements leur avaient été administrés mais en quelques mois, une vingtaine de vaches et la totalité des porcs avaient trouvé la mort, sans que l'éventuelle origine commune du problème soit décelée.

Le père d'Alex ainsi que le voisin avaient tenté de faire le lien avec la proximité de lignes à haute tension et la présence d'éoliennes à quelques kilomètres de là, mais aucune suite n'avait été donnée sur le plan administratif. Une plainte contre X avait bien été déposée, mais elle n'avait, pour le moment, donné aucun résultat.

« On sait pas d'où ça vient ! Mais on est sûrs que ça vient de quelque part. » La piste des terres rares, et de leur interaction éventuelle avec des champs électromagnétiques, semblait la plus probable. Sauf que le lien de causalité entre le comportement supposément fautif et le préjudice subi par les bêtes était un casse-tête à établir en justice. « C'est à nous d'apporter la preuve, et c'est mission impossible vu le nombre de facteurs qui peuvent peser dans la balance. Notre intuition, c'est que c'est dans les sols ou les nappes phréatiques, mais d'autres attribuent parfois ce genre de phénomène à la pollution de l'air, au trafic routier ou même aux installations nucléaires, alors on nous balade. Tout le monde sait pourtant qu'entre Flamanville, le centre de stockage de la Manche, et l'usine de La Hague, la région est l'une des plus nucléarisées du monde ! C'est Greenpeace qui le dit. Il paraît qu'il y a même des déchets qu'on rejette directement dans la mer, c'est du délire ! Et le système est bien verrouillé : c'est eux qui font les prélèvements, en interne, avant de les envoyer à l'Autorité de sûreté nucléaire. Alors voilà ! Dans ce contexte, on fait plus confiance à personne... »

C'était pour toutes ces raisons que le père d'Alex voulait maintenir les woofeurs à l'écart de la zone, dans la mesure du possible, pour les protéger d'un possible danger. Car même si la pollution suspectée concernait a priori les seuls animaux, elle pouvait éventuellement toucher les humains. D'une manière ou d'une autre.

Quoi qu'il en soit, la situation paraissait complexe, puisque la ferme ne se situait pas à proximité immédiate d'une centrale (Flamanville se trouvait à trente-quatre kilomètres de là). Plusieurs installations d'éoliennes étaient néanmoins répertoriées à Clitourps (dix-huit kilomètres) et à Brix (moins de sept kilomètres), et certains affirmaient que les infrasons qu'elles émettaient, et qui se propageaient à de longues distances, pouvaient générer des troubles vibro-acoustiques comme un épaississement du péricarde – le sac translucide qui entoure le cœur. Des études balayaient lesdits soupçons en considérant qu'il s'agissait d'un effet « nocebo » (variante de l'effet placebo), en vertu duquel les personnes se persuadaient qu'elles avaient un problème du seul fait qu'il y avait des éoliennes dans les parages. Autrement dit, c'était considéré avant tout comme de la paranoïa.

La piste des terres rares, et des réactions possibles avec les champs magnétiques, restait quant à elle en suspens. Et les fuites de courant électrique étaient susceptibles d'entraîner des perturbations du sous-sol, celui-ci étant riche en fer et en étain, notamment. L'origine des nuisances pouvait dès lors venir indirectement des éoliennes, mais aussi des lignes à haute tension, des antennes relais ou même du transformateur situé non loin de la ferme.

Alex n'avait aucune certitude, mais ses doutes avaient repris en intensité lorsque les quelques vaches qu'il restait sur l'exploitation étaient tombées malades peu de temps auparavant. Il soupçonnait certaines personnes d'avoir modérément apprécié la vidéo qu'on avait postée sur YouTube – qui remettait d'une certaine façon de l'huile sur le feu.

« Le problème, c'est pas seulement les entreprises qu'on suspecte de polluer l'environnement, et les lobbies, c'est aussi tous les gens qui dépendent des emplois liés au développement de l'éolien. Y a un nombre pas possible de parcs offshore qui se construisent actuellement dans le Cotentin. Alors c'est très mal vu d'aller foutre son nez là-dedans. Faudrait pas ruiner les efforts de transition écologique pour quelques vaches mortes, n'est-ce pas ! Sauf que si on pollue en voulant diminuer la pollution liée aux énergies carbone, honnêtement, je comprends pas bien l'intérêt du truc... On est tous écolos dans la famille, et mes parents roulent en voiture électrique, mais on n'est pas non plus totalement abrutis. »

Iris voulait profiter de l'occasion pour publier une nouvelle vidéo.

« C'est fou, cette histoire ! Faut qu'on communique, que tu fasses un historique du problème, avec tout ce que tu viens de nous dire, ça va buzzer !

– Mais je m'en fous de buzzer, putain ! Qu'est-ce que ça va nous apporter, à part des merdes ? Déjà qu'on est mal vus dans la région.

– Iris a peut-être raison, ajoutai-je. Si ton but c'est que la presse en parle, par exemple, j'pense effectivement que ça peut être intéressant de présenter la situation, posément. Sans chercher à trouver des coupables.

– On verra. J'vais en parler à mon père, d'abord. »

J'étais monté prendre une douche et je repensais à ce qu'Alex venait de nous raconter. J'étais à peu près aussi choqué par l'hypothèse de la pollution du lieu qui semblait avoir des conséquences terribles sur les animaux et même les hommes, que par le commérage malsain des habitants du coin. Certes, les indiscrétions et la délation constituaient des pratiques courantes partout en France, mais on sentait que c'était encore pire à la campagne. En ville, l'anonymat qu'on critiquait souvent présentait aussi quelques avantages, à commencer par la relative discrétion qu'on pouvait y trouver. Je détestais qu'on me renifle le cul et j'avais extrêmement mal supporté l'obligation de produire une attestation de déplacement lors du confinement. La curiosité des gens n'était pas qu'un vilain défaut, je la vivais comme une atteinte insupportable à ma vie privée.

« Je peux rentrer ? » C'était Iris.

« Oui, bien sûr. J'ai bientôt fini. »

Elle ouvrit la porte et s'assit sur le rebord du radiateur, en face de la baignoire.

Elle voulait qu'on convainque Alex de se prêter au jeu de la vidéo-témoignage. Il faut dire que l'exercice pouvait avoir de sérieux avantages : attirer l'attention de la presse, notamment locale, et peut-être même, à plus long terme, faire pression sur les pouvoirs publics pour qu'ils reprennent leurs investigations.

J'expliquai néanmoins à Iris que son statut très hybride d'influenceuse écolo-partenariale avait quelque chose de handicapant, vu la gravité des faits qu'il s'agissait de présenter – et les accusations subséquentes, avec des possibles qualifications pénales à la clé. Mais Iris voyait la chose différemment. Elle se percevait aussi comme une lanceuse d'alerte et pensait même, en fine businesswoman, qu'une telle annonce pourrait renforcer sa cote sur le marché des influenceurs.

« Je sais que le mélange des genres est critiqué par certains, sauf que moi, tout ce qui m'importe, c'est la cohérence. Et j'vois pas le problème qu'il y a à vouloir dénoncer des scandales environnementaux tout en faisant de temps en temps la promo de produits bio. J'trouve même qu'il y a un continuum, en termes de com. Tu trouves pas ? »

Elle avait de la suite dans les idées. Je lui demandai de me passer ma serviette.

« Tiens, c'est bien la bleue ? »

Tout en restant assise sur le radiateur, elle me regarda m'essuyer. Je remarquai qu'elle avait mis sa main sur son entrejambe. J'avais l'impression qu'elle se caressait.

J'enjambai la baignoire et posai les pieds sur le tapis. Elle avait le regard fixe et un air presque méchant qui me mettait mal à l'aise. Je m'emparai de mes vêtements que j'avais jetés sur le carrelage.

« Donc on fait quoi ? reprit-elle d'une voix brutale.

– Bah je sais pas moi, on attend, comme il a dit. On va quand même pas le forcer.

– Jamais capable de prendre les choses en main, toi ! J'ai pas que ça à foutre, faut que j'avance.

– Quoi ? Que t'avances ! Bah je sais pas, publie autre chose. Faut se détendre, s'il est pas prêt, il est pas prêt. On n'est pas chez Julien Courbet.

– T'es vraiment un gros con, quand même, j'veux balancer le scoop ! Tu comprends vraiment rien au biz, c'est pas possible d'avoir deux de tens' à ce point !

– Oh ça va, j'te dis qu'il faut attendre un peu, t'as qu'à faire une autre vidéo en attendant, style un vlog un peu léger comme tu sais faire ! Avec ton plus beau décolleté ! Hein, tu sais faire, ça ? C'est dans tes cordes ?

– Pauvre type. »

Elle partit en claquant la porte.

Il y avait comme une odeur de pourri dans la maison. J'avais ouvert les fenêtres de ma chambre mais ça ne semblait pas venir de l'extérieur. Plutôt du rez-de-chaussée.

Iris et Alex étaient partis à la laiterie et je regardais les annonces d'emploi sur LinkedIn. Je sentais que mon employeur n'allait jamais me reprendre à l'issue de mon chômage partiel, alors j'essayais d'anticiper la suite. La sombre suite, comme pour tous les damnés de l'automatisation générale.

Le Covid avait détruit ou suspendu une grande partie des recrutements, et les boîtes étaient en position dite attentiste – quand elles n'avaient pas entamé en loucedé une procédure de faillite auprès du tribunal de commerce. Tous les secteurs étaient impactés, presque sans exception : la mode, l'automobile, les services financiers, les médias, le commerce de détail… Il y avait bien quelques annonces, mais elles ne faisaient pas franchement rêver : préparateur de commandes chez Amazon, chargé de projet dans une obscure boîte de télécom, responsable de veille réglementaire en intérim, community manager freelance… Surtout, les salaires proposés me paraissaient exceptionnellement bas, du fait sans doute du déséquilibre massif entre les offreurs et les demandeurs. La plupart oscillaient entre 18 000 et 28 000 euros bruts annuels, y compris pour les jobs qualifiés qui nécessitaient un bac + 5 et plusieurs années d'expérience. En faisant le calcul par rapport au prix moyen d'un loyer dans une grande métropole, on arrivait facilement à des taux de 50 à 80 %, ce qui signifiait que plus de la moitié du revenu servait uniquement à se loger. Et encore, je ne prenais pas les pires offres disponibles. C'était le nouveau monde, dans sa nudité crasse.

Les restrictions sanitaires s'étaient abattues sur le marché du travail comme une coulée de lave en réduisant à néant les espoirs de la jeunesse et en limitant à pas grand-chose ceux des autres. Alors tout le monde avait activé le mode survie en supprimant par conséquent tout ce qui n'était pas immédiatement vital : les sorties, évidemment, et les vacances, mais aussi l'habillement, la bouffe quali, et les gens lésinaient même sur l'hygiène, en revoyant à la baisse le budget crèmes, brosses à dents et shampooings. Ce n'était pas encore la misère noire car l'État balançait ses aides et ses subventions aux plus impactés, mais la pauvreté progressait à vitesse grand V. À Paris, et dans plein d'autres villes de France, les étudiants et travailleurs pauvres fréquentaient les banques alimentaires chaque semaine en plus grand nombre. Et la prostitution forcée devenait pour certains, et surtout certaines, un essentiel complément de revenu.

Ce n'était pourtant que le début de la chute, et à part les *digital nomads* qui envisageaient encore de se tirer en Californie ou à Dubaï, les grandes masses demeuraient attachées à leur terre d'origine, qui conservait en elle un sacré avantage : celui de permettre une certaine entraide. Qui pouvait vraiment se rêver en expatrié, en dehors des ultra-diplômés qui bénéficiaient par ailleurs du soutien inconditionnel de leur riche famille ? La terre natale, ce n'est pas chic, mais ça rend généralement plus aisé le déploiement des solidarités. Au fond, tout le monde le savait, surtout qu'on avait désormais sous nos yeux des illustrations concrètes de ce qu'était la vraie, l'extrême pauvreté, avec ceux qu'on appelait pudiquement les « migrants ». On oubliait souvent de dire qu'on quittait rarement un pays par choix volontaire. L'immigration constituait l'une des plus grandes violences de l'époque, avant tout pour ceux qui n'avaient d'autre choix que de quitter leur foyer.

J'étais descendu me faire un café dans la cuisine. Je n'arrivais toujours pas à comprendre l'odeur de pourri qui flottait autour de moi. Un instant, je crus même que j'étais devenu parano et que c'était peut-être mon esprit qui l'imaginait. Mais Dorian semblait lui aussi ressentir de la gêne, il agitait sa truffe en permanence.

Je me mis néanmoins à préparer le déjeuner avant l'arrivée des autres. Iris avait acheté du poisson frais le matin même et m'avait suggéré de l'accommoder avec des carottes du potager. Si ça pouvait la rendre plus aimable…

Depuis mon arrivée à Ruffosses, je m'étais découvert un vrai intérêt pour la cuisine. Je n'étais pourtant pas spécialement doué, et les tentatives que j'avais faites jusqu'alors n'avaient pas vraiment suscité l'adhésion du groupe. Je m'appliquai malgré tout à couper les carottes en fines rondelles, et j'avais soigneusement roulé le morceau de dorade dans de la farine, comme Alex me l'avait indiqué.

Je m'étais servi un verre de pinot pour me donner du cœur à l'ouvrage et j'en avais profité pour filer de l'eau au chien, dans son écuelle verte. À force de courir toute la journée après les vaches et les oiseaux, Dorian était tout le temps assoiffé. Et moi, je me trouvais toujours une bonne raison pour picoler. La période que l'on vivait était tellement déprimante qu'il fallait bien se droguer à quelque chose, en dehors des vidéos en streaming. Dans sa grande bonté, le gouvernement avait toujours considéré l'alcool comme un produit « essentiel », même pendant le premier confinement. Il savait très bien ce qu'il faisait.

J'avais mis LCI pour connaître les dernières nouvelles. La présentatrice avait l'air aussi passionné par ce qu'elle disait qu'un vendeur de fenêtres en préretraite, mais elle faisait le job et tentait de rendre compte d'événements toujours plus assommants les uns que les autres : les sempiternelles mesures de restriction, les nouveaux types de masques, de gels et de visières en plastique, l'augmentation du nombre de cas, de contaminations et de morts, les dépressions, les hospitalisations, les comas, les intubations, les suicides… Les commentateurs faisaient ce qu'ils pouvaient pour ne pas s'écrouler sur leur table, et Valérie Nataf essayait parfois d'esquisser le début d'un sourire, mais à chaque fois, une dépêche tombait pour rappeler que tel ou tel secteur allait bientôt disparaître si rien n'était fait, ou que telle étude scientifique anticipait une reprise de l'épidémie, avec une deuxième vague « encore pire » que la première. On allait tous finir noyés. Même Dorian, qui regardait l'émission avec moi, avait l'air de subir la crise. J'étais sûr qu'il ressentait l'angoisse collective.

Il était presque midi et demi et je m'attendais à voir Alex et Iris débarquer d'une minute à l'autre. Je m'étais servi un deuxième verre de pinot et m'étais avachi dans le grand canapé sur lequel il y avait plein de poils du chien. Je regardais Dorian d'un air gentiment accusateur. Il comprenait très bien ce que je lui reprochais, et soupira bruyamment, comme pour esquiver le problème.

L'odeur fétide devenait presque insoutenable ; j'avais la sensation d'être assis sur des œufs pourris qu'on aurait laissés se décomposer pendant quinze jours.

Je me mis à inspecter tout le rez-de-chaussée pour trouver l'origine du problème. J'ouvris un à un les placards de la cuisine, puis me rendis dans les toilettes, dans le bureau et même dans la chambre d'Alex. Il n'y avait rien à signaler.

L'étage ne me fit rien découvrir de plus. La salle de bains était nickel, la chambre d'Iris était fermée à clé, quant à la mienne, j'en avais vérifié chaque recoin pour m'assurer qu'il n'y avait pas d'élément susceptible de causer l'odeur.

Dorian participait à l'exercice avec moi et avait l'impression qu'il s'agissait d'un jeu. Dès que je soulevais une couverture ou un coussin, il aboyait, comme s'il avait marqué un point. Ce n'était pas exactement un chien de chasse.

La meuf de LCI continuait à déblatérer ses trucs et j'avais coupé le son pour me concentrer sur ma recherche. Je m'arrêtai une minute pour réfléchir à ce que je sentais réellement. Était-ce une odeur chimique ? ou plutôt organique ? Le plus probable restait l'hypothèse d'un épandage agricole, dans la mesure où nombre d'exploitations de tailles diverses jouxtaient la ferme. Il n'y avait rien d'anormal. C'était la campagne.

Je décidai de laisser tomber et me servis un troisième verre de pinot.

J'avais pris mon téléphone et je scrollais sans but sur les différentes applis. Je me rendais compte que la puissance de ces machines était devenue telle, au fil des ans, qu'elle dépassait souvent celle des ordinateurs, notamment en termes de rapidité. C'en était devenu fascinant.

Je touchais l'écran à grande vitesse, sautant d'Instagram à Twitter, de YouTube à TikTok, de LinkedIn à Apple News, sans but aucun. Dans ces moments-là, le temps s'arrêtait et nous entrions dans une espèce de trou noir, où plus rien d'autre n'existait. Le paradigme digital constituait une réalité en soi, j'en prenais de plus en plus conscience, et avait tendance à s'autonomiser du « monde » réel. Qui aurait su définir la réalité dans ce nouveau contexte chaotiquement hybride ?

La pratique du numérique était devenue tellement envahissante que je n'arrivais même plus à me souvenir du moment où ça avait commencé. Il y avait eu l'iPhone 1, puis 2, puis 3, puis les tablettes, les versions avec grand écran, la 4G, les nouvelles caméras… et comme la technique progressait sans cesse, on la suivait, aveuglément, de peur d'être, ne serait-ce qu'un instant, dépassé. Et on se soumettait, un peu plus chaque jour, au divertissement perpétuel qui n'avait plus d'objet ni de motif propre. C'était seulement des contenus qu'on avalait. Comme un chien dévore des croquettes, jusqu'à l'épuisement total.

Quelques années auparavant, je me souvenais que je sortais mon téléphone pour une raison précise ; j'avais généralement une intention : rechercher quelque chose sur Google, envoyer un message à un proche, consulter un mail. Désormais, et depuis l'arrivée des notifications, il se passait toujours quelque chose sur le téléphone. Un type qui avait liké ou posté une nouvelle photo, une actualité qui venait de tomber, une boîte qui nous balançait une saloperie de pub. On n'était jamais directement concerné, et tout cela n'était qu'un bruit de fond sur lequel nous n'avions aucun impact, mais les signaux nous assaillaient comme des sirènes et on devenait addicts, dépendants, et d'une certaine façon dépossédés de nous-mêmes. C'était l'instrument d'asservissement le plus sournois du monde. Pire que la propagande d'une secte, plus pernicieux qu'un discours d'extrême droite, plus sadique qu'une morale religieuse.

La puissance de l'écran était si forte d'un point de vue émotionnel qu'on était capable de tout lâcher pour y aller : une discussion intéressante avec quelqu'un, un rendez-vous important, une soirée, même un film génial qu'on était en train de regarder. Le téléphone avait toujours la priorité ; il était devenu notre ami, notre mère et notre père, et nous disait quoi faire, quoi penser, quoi écouter, quoi dire, quoi manger, quoi acheter, quoi décider, quoi voir, quoi apprendre et quoi entreprendre ; il avait fait de nous des hystériques enchaînés. Nous étions ses sujets. Et aucune révolution n'était prévue pour arrêter l'oppression. Puisque la servitude se situait à l'intérieur de nous.

Je m'étais quelque peu assoupi quand j'entendis un bruit de voiture. Je jetai un bref regard par la fenêtre de la cuisine : c'était eux.

Dorian leva son derrière et se mit à courir vers le couloir. On avait l'habitude de passer par le garage attenant pour rentrer dans la maison, par facilité.

J'entendais leurs pas sur le gravier, et des éclats de voix. Ils semblaient de bonne humeur.

Dorian grattait à la porte en gémissant.

« C'est bon, c'est bon, on se calme ! Je t'ouvre ! » dis-je en m'approchant.

Au fur et à mesure que je m'avançais vers la porte, l'odeur de pourri devenait plus forte. J'avais complètement oublié de vérifier le garage lors de mon inspection.

Le chien continuait à gratter et commençait même à aboyer d'impatience.

« Arrête de gueuler ! J'arrive. »

J'entendais les voix se rapprocher.

J'ouvris la porte du garage ; le chien hurla et fit un bond en arrière. Je m'apprêtais tout juste à franchir le seuil quand mes pieds heurtèrent un large carton qui avait été foutu juste devant. J'atterris sur le menton.

Autour de moi, des rats morts jonchaient le sol. En état de putréfaction.

Les quelques vaches qu'il restait sur l'exploitation venaient à nouveau de tomber malades. Cette fois-ci, Alex voulut nous associer directement à ses efforts de compréhension. L'heure n'était plus à la contemplation patiente, ni même à l'attente.

Le vétérinaire nous avait donné des informations précieuses au sujet d'autres agriculteurs qui avaient eux aussi rencontré des problèmes avec leurs bêtes : retards de croissance, difficultés à vêler, baisse de la production laitière, décès… Rien n'était vraiment comparable, car certaines fermes se situaient à l'autre bout de la région, mais c'était important de pouvoir connaître d'autres expériences. D'autant que les phénomènes concernaient aussi des éleveurs qui se plaignaient tantôt de maux de tête, tantôt d'insomnies, tantôt encore de douleurs aux jambes.

L'une des pistes était le robot de traite – dont l'exploitation de Jérôme était toutefois dépourvue – qui entrait en interaction avec un sous-sol souvent riche en métaux. Parfois, la proximité avec des câbles de plusieurs dizaines de milliers de volts, qui reliaient les éoliennes entre elles, pouvait créer des perturbations. Des contrôles avaient pourtant été réalisés par le distributeur d'électricité, sans mettre en évidence de fonctionnement anormal du réseau. Des antennes téléphoniques étaient également suspectées, sans davantage de certitude.

Alex avait été obligé de prévenir son père qui, sur le coup, voulut suspendre son traitement médical pour se précipiter au chevet de ses bêtes. Mais la mère, qui semblait inquiète de l'évolution de son cancer, l'en dissuada rapidement. Il avait perdu plus de dix kilos.

Iris filmait désormais une grande partie de ce qu'il se passait à la ferme et avait transformé la grange en un véritable plateau de tournage. Elle avait positionné plusieurs micros aux quatre coins du bâtiment, avec enregistreurs, et se servait essentiellement de son iPhone pour la partie vidéo.

Elle cherchait à faire de belles images, à la fois fortes et esthétiques, pour obtenir les meilleurs résultats. YouTube était avant tout une plateforme de divertissement pour le commun des mortels, elle savait donc qu'il fallait mêler info et plaisir dans son travail – à supposer que cela soit possible.

Lors de la traite – qui durait d'ailleurs de moins en moins longtemps, puisque les vaches ne produisaient plus grand-chose –, Iris se faufilait entre les tuyaux et tentait de faire des gros plans d'Alex.

Un jour, alors qu'elle voulait se rapprocher d'une mamelle, elle avait glissé en arrière et s'était fracassé la tête sur un seau. J'avais ri bêtement, et elle m'avait jeté un gros caillou en plein visage. Je l'avais évité de peu. Elle aurait été capable de me défigurer, la folle.

Iris postait environ une fois par jour des vidéos sur sa chaîne, le plus souvent pour montrer des choses anodines. Mais elle avait depuis quelque temps pris l'habitude d'ajouter des commentaires en voix off, sur un ton grave et mélodramatique, pour donner plus de chair au récit. « Le syndrome mystérieux s'abat sur l'exploitation et on ne sait plus où donner de la tête. Pourtant, la maladie rôde et à Ruffosses, nous n'avons pas attendu le Covid pour compter les morts. » Elle me donnait envie de gerber.

Malgré tout, elle savait alterner le triste et le gai, et ne manquait jamais, à intervalles réguliers, de poster des vidéos « détente », pour parler d'une nouvelle série qu'elle adorait ou pour faire la promotion d'une nouvelle gamme de maquillage. C'était d'ailleurs la méthode ultime pour gagner des abonnés facilement : se filmer face à un miroir en train de se mettre du fond de teint et du mascara. Pendant des plombes.

Pour ces épisodes-là, elle troquait son sweatshirt Hello Kitty contre un élégant débardeur et s'installait dans la salle de bains du haut en prenant soin de fermer la porte à clé. Si on avait le malheur de la déranger pendant qu'elle enregistrait, elle nous traitait de tous les noms et balançait des objets à travers la pièce. Elle n'avait aucun self-control.

Grâce à son ingénieux mélange de vidéos engagées et de publications purement divertissantes, elle continuait tous les jours à gagner des abonnés, même si les raisons pour lesquelles on la suivait étaient souvent très différentes d'un utilisateur à l'autre. En moins d'un été, Iris était ainsi devenue la youtubeuse écolo numéro un en France, et sa chaîne figurait régulièrement dans les tendances YouTube, ce qui lui permettait d'augmenter encore sa visibilité de manière organique. Le succès s'auto-entretenait.

Dans ce contexte, elle recevait presque quotidiennement des propositions d'agences ou d'annonceurs pour faire la promotion d'un produit, d'un site internet ou même d'une autre chaîne. Et comme elle avait souvent besoin d'un acteur-ami en guise de faire-valoir, je m'investissais davantage dans ses productions. « Mets la caméra comme ça » ; « Augmente le son du micro » ; « T'es en contre-jour, David, installe le trépied de l'autre côté… »

À l'ère du chômage-de-masse-éternel, cela pouvait, après tout, constituer une sorte de boulot. J'avais par conséquent intensifié mes efforts et mon implication et, lorsque la marque de soda à la con nous avait commandé une nouvelle vidéo pour son génial ElixGreen, j'avais exigé une augmentation. Iris n'avait pas trop apprécié le tournant syndicaliste que prenait ma participation au projet mais il n'y avait personne d'autre sur l'exploitation, Alex n'étant pas aussi corruptible que moi. Alors elle avait consenti à me donner un plus fort pourcentage sur les recettes. Pôle emploi n'avait qu'à bien se tenir.

Les nouvelles intimidations que nous avions reçues avaient été comme un électrochoc et nous avaient en quelque sorte forcés à envisager la suite différemment. Nous savions désormais de manière certaine que nos critiques dérangeaient et avions, en réponse, radicalisé notre stratégie.

Alex avait tout à fait conscience du rapport de force qui jouait en notre défaveur et pensait justement, tout comme

Iris, que seule une parole brutale et engagée pourrait avoir un peu d'effet sur l'opinion – et, par ce biais, sur les pouvoirs publics. Le jeu en valait la chandelle, car les pertes qu'avait déjà occasionnées l'invisible phénomène étaient considérables sur le plan économique. La vente de lait était presque tombée à zéro, en termes de chiffre d'affaires.

C'est ainsi qu'Alex nous dit un matin, en rentrant de la traite, qu'il voulait tourner la fameuse vidéo qu'Iris lui réclamait depuis des jours. Il en avait parlé au préalable à son père, à sa mère et même au voisin qui considéraient que face à l'aggravation du problème, et à l'inertie totale des autorités, l'alerte devait être lancée. Les vidéos qui avaient été publiées avaient déjà jeté un pavé dans la mare ; il fallait néanmoins que la personne effectivement en charge de l'exploitation puisse s'exprimer, pour que l'élan soit donné. Car en pleine crise du Covid, c'était devenu un parcours du combattant pour parler d'autres sujets dans les médias. Le moment tombait bien mal pour dénoncer un possible scandale environnemental.

Iris avait installé sa caméra dans le salon, avec la cuisine en guise d'arrière-plan. Elle voulait donner une ambiance ultra-réaliste au message. Alex avait potassé ses documents pour ne pas dire de bêtises à l'écran, et moi, j'étais chargé du reste : micro et éclairage.

« Pollution à Ruffosses : première », lança Iris en donnant le clap.

Personne ne mouftait, pas même Dorian, qui avait les yeux rivés sur son maître.

Alex se racla la gorge, prit une grande inspiration, puis commença sa déclaration :

« Bonjour à tous. La plupart de ceux qui regarderont cette vidéo ne me connaissent sans doute pas. Je m'appelle Alexandre Pernier et je suis le fils de Jérôme Pernier, le propriétaire de la ferme que nous exploitons ici à Ruffosses, près de Cherbourg. »

« Il est bon », murmura Iris en m'adressant un regard satisfait.

« Le problème a commencé il y a un peu plus d'un an, lorsqu'on… »

Alex maîtrisait l'exercice à la perfection : ni trop précis, ni trop vague. On se serait cru dans un docu Netflix.

« Actuellement, il ne nous reste plus que quatre vaches, et elles se trouvent dans un sale état. Voici des photos qui prouvent ce que j'avance, vous voyez ici des traces de… »

Je pensais déjà au résultat qu'allait avoir la vidéo sur YouTube. C'était bien parti pour arriver direct dans les tendances de l'algorithme.

« Nous n'accusons personne, car nous savons que les causes peuvent être multiples. Nucléaire, câbles électriques souterrains, éoliennes, antennes de téléphonie… Nous ne sommes pas experts, mais jusqu'à présent, les autorités nous ont adressé des fins de non-recevoir. Elles craignent que les remèdes qui pourraient être envisagés pour faire cesser la pollution soient encore pires que le mal initial, notamment en ce qui concerne l'emploi… »

Iris vérifiait sa fiche pour s'assurer qu'aucun des points importants n'était oublié. Elle rayait au fur et à mesure, de façon professionnelle, et vérifiait régulièrement que l'image était bonne sur l'application du téléphone.

« Je sais que certaines personnes qui suivent cette chaîne ont des intentions malveillantes. Et veulent nous faire taire.

Peut-être s'agit-il de lobbies, ou d'intérêts personnels, sans doute les deux. Mais le problème est trop grave pour continuer à être caché. Nous sommes des dizaines d'exploitants dans le même cas. Des vaches qui meurent, ou qui tombent malades, des éleveurs qui développent des pathologies, et même dans certains cas des cancers chez des gosses. Plusieurs régions sont touchées, et nous avons de plus en plus d'éléments qui nous permettent de penser que la double exposition aux terres rares et aux champs électromagnétiques serait susceptible de provoquer des maladies graves. Tout part d'une contamination aux métaux qu'on trouve dans les batteries, les énergies renouvelables, et dans beaucoup d'objets de notre quotidien. Imaginez que vous avez des terres rares dans le corps. Eh bien, si vous entrez en contact avec des champs électromagnétiques, cela a un effet conducteur, comme si vous aviez une antenne, en quelque sorte. D'où l'amplification du problème chez les animaux et même chez l'homme. Le cocktail est extrêmement nocif. C'est un problème de santé environnementale majeur, d'autant qu'il existe de plus en plus de terres rares et de champs électromagnétiques dans notre vie quotidienne. Il faut se mobiliser. Si vous souhaitez nous aider, partagez cette publication, pour que le scandale soit… »

Nous postâmes la vidéo le soir même.

Nos trois têtes étaient désormais connues. La chaîne YouTube d'Iris constituait pour nous un puissant vecteur de communication mais également un risque, puisque, en consultant l'historique des vidéos, on pouvait tout retrouver : les inoffensifs vlogs et autres tutos beauté de notre directrice de com, les non moins inutiles spots promotionnels pour la marque de soda, mais également l'intervention d'Alex, ainsi que de nombreuses images de la ferme. Notre anonymat avait été définitivement levé. Et si le lieu précis de notre emplacement restait caché, une simple recherche Google permettait, à qui le voulait, de retrouver notre trace. Notre exposition s'avérait maximale.

La vie suivait néanmoins son cours et nous ne remarquions pas de changement particulier dans notre environnement immédiat. Le voisin nous soutenait et continuait d'aider Alex au quotidien pour l'entretien du bétail et du pâturage. Nous l'invitions souvent à venir boire l'apéro avec nous et il observait notre démarche communicationnelle avec une certaine admiration. « Vous avez les couilles de faire ça, y a pas que des gens nets dans ce tourbillon, faudrait pas qu'il vous arrive du mal», disait-il dans sa barbe.

L'intervention d'Alex avait beau avoir été visionnée des centaines de milliers de fois, nous n'avions pour le moment reçu aucun retour concret. De nombreux internautes continuaient à nous apporter leur soutien dans les commentaires, sans que cela déclenche la moindre réaction d'élus locaux ou de la presse régionale. L'appel avait pourtant été relayé massivement dans des groupes Facebook et sur des comptes Twitter avec des milliers d'abonnés. Mais la viralité faisait du surplace.

Le moment était de toute façon mal choisi, avec la période estivale qui tendait à faire oublier les sujets sérieux, et évidemment le Covid, qui monopolisait toujours une large partie de l'attention collective des Français, y compris sur internet.

Iris semblait quelque peu déçue car, même si son rôle de lanceuse d'alerte était en passe d'être reconnu, les retombées médiatiques n'avaient pas été à la hauteur de ses espérances. Elle n'imaginait sans doute pas faire la une de *Paris Match* grâce à l'affaire, mais elle pensait, d'ailleurs légitimement, qu'un dossier aurait pu lui être consacré quelque part. Ou à la rigueur une double page dans un quelconque canard.

Par conséquent, elle avait tendance à en rajouter, et à chaque nouveau vlog, elle rappelait le problème en précisant qu'il y avait «urgence», que l'opinion devait «se mobiliser» et qu'elle ne comprenait pas pourquoi «les autorités» ne se bougeaient pas. Je me disais néanmoins que son profil, en lui-même assez hétérogène et ambigu, pouvait jouer en notre défaveur. En somme, malgré la gravité de ce que nous avancions, nous n'étions pas vraiment pris au sérieux ; et notre jeunesse constituait un poids plutôt qu'un atout.

De leur côté, les intimidations avaient cessé et nous n'observions plus de phénomènes louches : pas d'appels téléphoniques masqués, comme cela avait été le cas quelques jours plus tôt, pas de visites clandestines, ni de rats crevés dans le garage.

Il faut dire que nous n'avions pas quitté la maison depuis la vidéo d'Alex, précisément pour éviter de faire des émules. De fait, nous restions toute la journée à la ferme, presque cloîtrés et, en dehors du voisin et de quelques coups de fil que nous passions à nos proches, nous n'avions plus de contacts avec l'extérieur. Même le vétérinaire, qui d'habitude passait plusieurs fois par semaine, avait pris des vacances. Alors nous ne voyions plus personne.

Cette espèce d'autoconfinement que nous nous étions imposé, par souci de discrétion, n'était pas sans rappeler le début de la crise sanitaire. Nous l'avions, à l'époque, tous vécue différemment : Iris avait passé les trois mois chez ses parents, en banlieue parisienne, Alex n'avait presque pas quitté Ruffosses ; quant à moi, j'étais resté une grande partie du temps dans mon minuscule appart, au sein duquel j'avais failli sombrer dans une folie mortelle. Je tournais tellement en rond et j'avais si peu de contacts avec l'extérieur que le sens de l'existence avait tout bonnement quitté mon esprit. Je n'arrivais plus à me lever, à marcher, et les gestes élémentaires du quotidien étaient devenus des épreuves pour moi. À quoi bon manger, s'il n'y avait aucun effort à faire ? À quoi bon se laver, s'il n'y avait personne à rencontrer ? À quoi bon vivre, s'il n'y avait aucun projet à réaliser ?

J'avais bien failli demander un internement en hôpital psychiatrique pour retrouver la forme, mais un ami d'enfance m'avait contacté, un soir, et redonné confiance en moi. Il sentait que je m'enfonçais dans un tunnel éminemment glauque et m'avait conseillé de partir à la campagne pour retrouver mes « sources ». Je n'avais pourtant aucune racine en province ou dans quelque contrée champêtre que ce soit, mais il entendait par « sources » tout autre chose : une sorte de lieu zéro, de niveau minimal du monde, qui puisse susciter chez moi une forme de régénération. Il disait sans doute vrai.

Jusque-là, l'exercice avait plutôt porté ses fruits, et malgré les malheurs qui frappaient l'exploitation, je me sentais bien plus utile à la modeste place que j'occupais désormais qu'à mon ex-boulot. J'aidais Alex, j'assistais Iris autant que je le pouvais, et le contact quotidien avec la nature avait des vertus. L'air n'était peut-être pas aussi pur que je l'avais imaginé, et la pollution des sols semblait avoir des effets dévastateurs sur l'environnement et les hommes, mais il y avait quelque chose d'unique dans ce coin. Qui provoquait chez moi une espèce de renouveau mental. Dès lors, je supportais bien mieux l'autoconfinement temporaire que nous nous étions imposé. Je continuais à vaquer dans le jardin, à m'occuper de la basse-cour, à cuisiner. L'espace était vaste et aéré, et au fur et à mesure que nous nous rapprochions du mois d'août, les températures devenaient plus fraîches, et beaucoup plus agréables à vivre.

Le matin, je me levais plus tôt qu'au début du séjour, et j'avais tout un emploi du temps qui m'attendait : aller chercher les œufs au poulailler, vérifier que les lapins ne rencontraient pas de soucis, préparer le petit déjeuner pour Iris qui, de temps à autre, m'offrait quelques compensations avant de partir s'installer devant son ordinateur.

L'heure était pourtant grave, et Alex revenait souvent de la traite avec une mine déconfite, mais rien n'était perdu, et les traitements qu'il donnait aux animaux avaient parfois de l'effet et repoussaient en quelque sorte l'échéance. Nous luttions avant tout contre le temps.

Le soir, je reprenais plaisir à aller courir, sur le coup de dix-sept heures. J'écoutais des podcasts sur le changement de vie et les reconversions professionnelles. Cela me nourrissait. J'avais été tellement dégoûté par les grosses boîtes et le salariat en général que je pensais de plus en plus à me mettre à mon compte. Je n'avais encore aucune piste précise, et je savais que les petits entrepreneurs avaient morflé dans des proportions considérables depuis la pandémie. Sauf que devenir indépendant restait la seule option vivable à mes yeux dans le monde symbolique qui était devenu le mien.

Je me voyais mal reprendre un job similaire à celui que j'avais exercé, à l'issue du woofing. Ce n'était pourtant pas le travail le plus horrible du monde, mais il n'avait aucun sens profond pour moi. L'un des types que j'écoutais dans mes écouteurs disait souvent qu'en se mettant au service d'une entreprise, on ne vendait pas que son temps disponible ; on vendait littéralement sa vie – plus exactement, on la louait. Car en dehors du salaire, nous ne retirions généralement rien de l'expérience en question. Ni du plaisir, ni du bonheur, ni encore moins de l'épanouissement. Et le pire, c'est que nous devions nous y soumettre pour récolter des miettes qui nous permettaient tout juste de garder la tête hors de l'eau. Ça n'était pas tenable, sur le long terme. Vraiment pas. Je me demandais seulement à quel moment l'édifice allait s'écrouler.

Ma génération avait sans doute quantité de défauts, j'étais le premier à reconnaître qu'elle était clairement régressive sur le plan intellectuel et moral, mais elle était aussi brutalement lucide. Nous nous tenions au courant, par le biais d'internet, de toutes les inégalités, de toutes les corruptions, de toutes les absurdités et de toutes les rigidités. Nous voyions clair et n'avions, pour une bonne partie d'entre nous, plus envie d'être d'ordinaires rouages du système. Il fallait gagner notre croûte, d'une manière ou d'une autre, ça, nous ne l'ignorions pas, mais nous n'étions pas prêts à le faire à n'importe quel prix.

Nous avions en réalité besoin qu'un nombre important de cases soient cochées : qu'il y ait du sens, et ce quelle que soit la conception du monde qu'on pouvait personnellement avoir ; qu'il y ait du plaisir dans l'immédiat, une sorte de récompense directe dont on pouvait jouir sur le coup ; qu'il y ait aussi de la justice dans la répartition de la valeur ajoutée et le niveau des salaires, ou encore en matière d'égalité des sexes ; et qu'il y ait enfin du beau, quelque part, pour que la tâche d'ensemble qu'on appelait « entreprise » puisse être regardée sans honte.

J'avais accompagné Alex faire des courses à la supérette du coin. Il faisait un temps de merde et avec le brouillard, on se serait cru en plein hiver. La Normandie.

« T'as bien pris la liste ? » me demanda-t-il alors que nous garions la Yaris devant le bâtiment sur lequel était inscrit « Alimentation générale ».

« Yes, dans ma poche. »

Il arrêta le moteur et je pris le large sac en plastique qu'on laissait toujours dans le coffre de la voiture.

« Faudra passer prendre du pain, ensuite, y a Marie-Hélène qui vient bientôt déj avec sa copine, tu sais. »

Nous passâmes devant le gérant qui nous regarda d'un sale œil.

« T'inquiète, David, ils sont toujours un peu rustres ici, et c'est encore pire depuis que ça a changé de propriétaire. Un pécore. Le mec a jamais quitté son trou depuis qu'il est né. »

Nous prîmes des yaourts nature, du sucre en poudre, des pâtes, du café et du beurre.

« J'crois qu'il reste encore de la viande et du poisson au

congélo, précisai-je, mais faut qu'on prenne de la lessive et des croquettes pour Dor…

– Ça vous a pas suffi ? s'écria une voix dans notre dos.

– Pardon ? répondit Alex d'un air surpris.

– Ça vous a pas suffi, vos conneries sur internet ? Vous croyez qu'on est trop cons pour comprendre votre manège ?

– Quoi ?! rétorquai-je. Mais qu'est-ce qui vous permet de…

– Toi, ta gueule, tu ferais mieux de retourner d'où tu viens. » Il avança vers Alex. « Mais toi, petit morveux, tu crois pas que ton père en a déjà fait assez pour remuer la merde, ici ? Avec ses saloperies d'accusations ?

– Dégage, connard ! Recule ! »

Le type agrippa le col du polo d'Alex.

« Vous croyez vraiment qu'on manque de boulot dans le coin ? Hein ? Y a pas que des branleurs comme vous ! Y a des centaines de gens qu'attendent de bosser avec les chantiers offshore, même des milliers ! Et ça vient nous pondre des analyses sur les champs électromagnétiques ou je sais même plus quoi ?! Tu veux foutre le pays en banqueroute, sale bâtard ?!

– Lâche-le, abruti, tu veux que j'appelle les flics maintenant ? »

Il continuait à secouer Alex, qui était en train de bouillir.

« C'est la crise, t'as compris, dans ta p'tite tête de baltringue ? La crise ! Ou faut qu'on te fasse un dessin ?! Si vous remballez pas vos histoires de vaches et de contamination de j'sais pas quoi, on va vous rendre la vie impossible ! T'as compris, morveux ? Jusqu'à ce que vous dégagiez !

– Je défendrai mes bêtes jusqu'au bout. Vous savez très bien que le problème est grave, il touche des…

– Mais c'est qu'il continue, le crétin ! Il ose encore la ramener ! Alors j'vais te dire, pauvre con, si tu dégages pas avec ton pote dans la seconde, DANS LA SECONDE, j'peux te dire que même ton père saura plus te reconnaître ! Ah mais non, j'suis bête ! ricana-t-il. Puisqu'il va bientôt crever, il paraît. C'est tout ce qu'on pouvait attendre de la part d'un faible comme… »

Alex s'empara d'une boîte de conserve et lui asséna un violent coup en plein visage. Le mec bascula en arrière et tenta de se rattraper aux étals.

« On va tous vous crever, les Pernier ! hurla le type, qui venait de tomber au sol. On va tous vous crever ! »

Alex lança un gros crachat sur le type, qui continuait de gueuler.

« Viens David, prends la bouffe, on se tire. »

Nous ne prîmes même pas le temps d'aller à la boulangerie et rentrâmes directement à la maison. Alex était enflammé. « C'est la guerre ! »

Je rappelai mon ami Simon, qui avait tenté plusieurs fois de me joindre. Cela n'était pas dans ses habitudes, lui qui ne communiquait avec moi que sur Messenger.

« Tout va bien ? J'viens de voir les notifications, désolé, il s'est passé un truc pas possible ici… Mais toi, comment tu vas ? »

Simon m'expliqua qu'il venait de s'installer près de la frontière suisse. Il n'en pouvait plus de l'ambiance à Paris, et avait trouvé un job très bien payé à Genève, dans le domaine de la PropTech, la branche immobilière des nouvelles technologies. Alors il avait sauté sur l'occasion.

Alex s'était posté près du poêle à bois et n'arrivait pas à se calmer. Iris paraissait hallucinée par ce qu'elle venait d'entendre et tenait à en faire le récit dans une prochaine vidéo.

« S'il faut intensifier la riposte, y a aucun problème, les gars. C'est pas des paysans mal lunés qui vont nous impressionner. Le type a cru qu'on allait se taire ? On a toutes les preuves, alors s'il cautionne ce merdier, c'est qu'il est complètement inconscient ! »

Je m'étais assis près d'eux et je ne savais pas quoi faire. Nous avions déjà beaucoup contribué à ce que le problème se sache, et à part appeler les flics, qui n'auraient de toute façon rien apporté de plus, je ne voyais pas dans quelle direction aller. La pression sociale était l'un des pires obstacles à ce qu'une vérité éclate. Et quand des personnes refusaient de parler, ou pire, discréditaient les dires d'autres, il devenait très compliqué d'avancer.

Alex nous expliqua que lui et son père avaient déjà essayé d'attirer l'attention sur les phénomènes de pollution qui touchaient leur exploitation. Un an auparavant, lorsque les premiers décès de porcs et de vaches étaient survenus, ils avaient tout fait pour que l'opinion s'intéresse au dossier, voire soutienne concrètement leur démarche. Car les procédures juridiques et les recherches qui devaient être menées pour les appuyer coûtaient extrêmement cher. Mais personne ne voulait en entendre parler et déjà à l'époque, Alex et son père avaient eu des altercations avec des habitants les accusant de « détruire l'emploi local » et de « contribuer au chaos social ». La situation s'était ensuite un peu calmée, et la maladie de Jérôme avait en quelque sorte modifié le centre de préoccupation de la famille.

La situation du moment était différente. Le père se trouvait désormais à Caen, la mère à son chevet et, surtout, la crise du Covid était passée par là et avait littéralement hystérisé le sujet de l'emploi dans le Cotentin. La région avait en effet énormément souffert des conséquences des restrictions : en dehors des équipementiers militaires et de l'arsenal, qui constituait toujours le principal chantier de construction des sous-marins français, le travail s'y faisait rare. Alors l'annonce d'un quatrième parc éolien offshore au large des côtes avait suscité un grand enthousiasme dans un contexte où Cherbourg était progressivement devenu le premier port de fabrication de pales d'éoliennes en mer.

Certains s'opposaient toutefois à ce développement, à commencer par les pêcheurs, qui mettaient en avant une atteinte possible à la biodiversité, le bruit et les champs électromagnétiques pouvant troubler les animaux aquatiques comme les requins et les raies. Les imposantes installations étaient susceptibles d'agir négativement sur le déplacement des espèces, leur nutrition et leur reproduction, risquant à terme de faire disparaître des populations.

Le dossier était toutefois sans rapport avec celui des terres rares, il n'y avait donc pas là un allié évident. Chacun défendait ses propres intérêts d'une manière assez égoïste ; au fond, ça se comprenait, puisque tous les ingrédients étaient réunis pour que les divisions l'emportent. À commencer par la peur, la peur radicale : celle de la misère et du déclassement définitif.

Les gens étaient prêts à tout pour sauver leur dignité.

J'avais reçu un mail automatique de la part de la plateforme de woofing qui m'avait mis en relation avec Alex. Le message me demandait de « noter mon expérience », puisque le séjour était arrivé à son terme. Je ne m'étais même pas rendu compte que la date de retour prévue, qui était rappelée sur la page, était déjà dépassée depuis deux jours. J'avais d'ailleurs complètement oublié de changer mon billet de train sur l'appli SNCF.

J'en avais parlé à Iris qui m'avait dit qu'elle y avait pensé, de son côté. Mais elle n'avait pas voulu me prévenir, de peur que je choisisse de quitter les lieux à la date convenue.

« On va quand même pas se tirer maintenant ! m'avait-elle lancé, alors qu'elle préparait une tarte Tatin pour le repas du soir.

– Rassure-toi. Ça ne m'est jamais venu à l'idée. Évidemment que je reste. »

Nous avions mangé du camembert rôti pour le dîner, avec des patates douces et une salade verte, le tout agrémenté d'un excellent brouilly que nous avait offert le voisin. La situation avait beau nettement se tendre, les repas restaient en général des moments d'apaisement et de convivialité. Ils devenaient même de plus en plus importants pour nous, au fur et à mesure que les tuiles s'accumulaient au-dessus de nos têtes. C'était un moment qu'on avait sanctuarisé, inconsciemment, pour mieux se protéger des attaques extérieures.

Iris nous avait longuement parlé de son stage à la galerie d'art, qu'elle comptait bientôt interrompre. Elle mettait trop d'énergie dans sa chaîne YouTube pour pouvoir se consacrer à autre chose, et surtout, elle n'avait plus envie de partir. Alex n'avait pas l'air hostile à l'idée et évoqua même un appartement vacant, dans le centre de Cherbourg, qui appartenait à sa tante – laquelle habitait chez son compagnon l'essentiel du temps. « C'est dans un HLM, mais ça a le mérite d'être grand, et c'est pas cher. Surtout si on divise le loyer. »

Pour ma part, je ne me voyais pas aller vivre dans un immeuble, de surcroît un logement social, alors que je voulais justement quitter la ville. « On peut en reparler plus tard, avait ajouté Alex. De toute façon, tous mes cours présentiels sont suspendus pour le moment, alors techniquement, je pourrais m'installer n'importe où. »

Quelques minutes plus tôt, Iris avait reçu une sollicitation d'un journaliste via son compte Instagram. Il était tombé sur la vidéo d'Alex et s'intéressait de près à la question des terres rares, qu'il avait couverte dans plusieurs dossiers. Curieux d'en savoir plus, il souhaitait nous rencontrer prochainement.

« Vous voyez que ça bouge ! » s'était écriée Iris, avant de se rendre compte que le canard pour lequel travaillait ledit journaliste n'avait qu'un vague site internet de piètre facture et aucune distribution papier. Cela n'allait pas révolutionner notre situation.

Marie-Hélène avait de son côté contribué à nous faire connaître et nous apportait désormais un soutien inconditionnel. Mais autour d'elle, les avis étaient mitigés et certains de ses collègues avaient même cessé de lui parler, après lui avoir expliqué que nous faisions fausse route et que notre attitude parasitait l'image de la ville, au détriment des petits commerces. Plusieurs d'entre eux avaient des membres de leur famille qui bossaient dans l'industrie des éoliennes, ou à la centrale de Flamanville. Le sujet de la pollution n'avait vraiment pas bonne presse. Elle avait néanmoins contribué à rassembler des témoignages d'agriculteurs ou de personnes lambda qui avaient rencontré des désagréments divers après une double exposition aux terres rares et aux champs électromagnétiques. Les mêmes problèmes revenaient systématiquement : chute du système immunitaire entraînant parfois le décès chez des vaches, maux de tête accompagnés d'insomnies et plus rarement de cancers chez les humains exposés. Les cas ne se limitaient pas à la Normandie, il y en avait également en Bretagne et en Loire-Atlantique. Certains avaient rencontré des résistances de la part de groupes d'intérêt, mais la presse régionale avait quelquefois relayé leur alerte, permettant un début de prise de conscience. L'inertie venait avant tout des autorités publiques et, en dernier ressort, des politiques.

Le lendemain, nous avions prévu de tourner une nouvelle vidéo, pour la première fois tous les trois, afin de rendre compte de ces dernières découvertes. Nous ne voulions pas mentionner l'altercation avec le type de la supérette pour éviter d'ajouter de la polémique à la polémique. Alex pensait qu'il fallait avant tout avancer des faits.

Iris regrettait sa prudence et aurait voulu frapper plus fort et plus vite, en racontant directement l'épisode de l'agression, et même en allant jusqu'à nommer l'individu concerné, avec mention de l'adresse de son établissement. J'avais été tellement ulcéré par l'attitude du bonhomme, notamment par les propos qu'il avait tenus à l'encontre de Jérôme, que je penchais pour l'option d'Iris. Mais Alex avait le dernier mot en la matière.

Côté business, les affaires d'Iris – et par conséquent les miennes – continuaient de prospérer. Indépendamment du dossier des terres rares, elle recevait régulièrement des propositions, plus ou moins intéressantes, de la part de marques et de sites internet. La période du confinement n'avait pas été négative pour tout le monde et certaines start-up avaient profité de l'occasion pour se développer. Un grand nombre d'entre elles avaient même réussi à lever des fonds dans des proportions inédites avec, à la clé, des budgets marketing dopés pour promouvoir leur offre. Or, à l'heure des plateformes et des réseaux sociaux, la publicité la plus courtisée, et en pratique la plus efficace, c'était le partenariat avec un influenceur.

Contre toute attente, les multiples vidéos étroitement liées à l'affaire n'avaient pas détourné l'intérêt des annonceurs, qui voyaient toujours en Iris une excellente communicante et, indirectement, une puissante vendeuse. Les deals avaient l'avantage, en dehors de leur valeur intrinsèque, de financer le reste de nos opérations, qui supposaient du temps et de l'équipement, tant en software qu'en hardware.

Je n'y voyais rien à redire.

De mon côté, j'étais en passe de créer mon statut d'auto-entrepreneur pour pouvoir facturer plus facilement, et en toute transparence. La chose pouvait paraître anodine, d'autant qu'elle ne conférait aucun avantage particulier, mais pour moi, elle signifiait une intention très précise : celle de sortir, ou en tout cas de tenter de sortir, du salariat. Iris s'était créé son statut dès qu'elle avait atteint sa majorité. Elle avait décidément beaucoup d'avance sur moi.

Elle avait préparé une tarte Tatin pour le dessert. Le camembert rôti m'avait déjà rempli au-delà du nécessaire, mais je n'étais pas du genre à ne pas faire honneur. « T'es maigre comme un clou, David ! » me répétait-on sans arrêt. Alors je mangeais toujours ce qu'on me donnait.

Tandis qu'Alex et Iris paraissaient absorbés par l'épisode de *Twilight* qu'on avait mis sur Netflix, j'en profitai pour essayer de refiler un bout de ma tarte à Dorian. Mais il ne s'était pas installé à mes pieds, contrairement à ce qu'il faisait d'habitude.

« Vous avez pas vu Dorian ? demandai-je.

– Oh, il doit être en train de dormir dans ma chambre, répondit Alex. Il adore s'allonger sur les draps. Attends, chut, j'écoute, c'est presque fini. »

Le camembert rôti ne passait décidément pas, ou peut-être était-ce le brouilly qui avait un peu trop remué mon estomac. Je ne me sentais pas très bien et m'étais réfugié aux toilettes, pressentant un risque de vomissement.

Je remarquai tout un tas de magazines automobiles par terre, près de la cuvette, qui devaient appartenir à Jérôme, ainsi que des publications liées à la pêche. Comme je sentais que j'allais devoir rester là un certain temps, je me mis à feuilleter un numéro sur le Canada, qui répertoriait les différentes pratiques et les lieux pour s'adonner là-bas à ce sport. Je ne comprenais pas bien l'intérêt qu'on pouvait y trouver mais l'esthétique des environnements avait effectivement de quoi séduire. Les émotions que les pêcheurs recherchaient se rapprochaient semble-t-il de celles des navigateurs : quête du grand air, d'une certaine forme de nature brute, et un lien plus ou moins direct avec la faune. C'était toutefois un sport d'homme, pour l'essentiel, contrairement à la voile. Je ne parvenais pas à savoir pourquoi. Les femmes n'étaient pourtant pas en reste, s'agissant des activités de plein air.

Je commençais légèrement à tourner de l'œil et je m'en voulais de m'être contraint à avaler ma part de tarte. La dernière bouchée, mélangée à tout le reste, m'avait achevé.

J'entendais une musique en provenance du salon, qui ressemblait à celle d'un générique de fin. Le film devait être en train de se terminer.

« T'as vu Dorian ? lança Iris, au loin.

– Attends, j'veux savoir le nom du type qui jouait dans la scène du chalet. Il me rappelle un autre gars de… »

Un grand bruit se fit entendre tout près de moi, à l'extérieur. Je me levai d'un coup et vis une silhouette à travers la fenêtre des toilettes en train de partir vers le portail.

« Dorian ? » lança Alex en se dirigeant vers sa chambre. Il avait dû entendre le grand *bam*, comme un gros sac qu'on aurait jeté au sol. « Dorian ! Où est-ce que t'es encore parti ! » Il commençait à s'inquiéter.

Je sortis en hâte des toilettes et le rejoignis dans la chambre.

« T'as entendu aussi ? J'étais aux toilettes, j'ai vu un mec partir en courant.

– Sérieux ?!

– Ouais, genre taille moyenne, mais il fait hyper-sombre, je voyais rien. Il s'est tiré.

– C'était d'où, tu dis ?

– Pas loin de la fenêtre des toilettes. »

Alex se précipita à l'extérieur. Iris, alertée par nos éclats de voix, me retrouva au niveau du garage.

« Putain, mais c'était quoi ce bruit, ça m'a fait flipper !

– J'pense qu'on va vite le savoir. »

Sans un mot, Alex s'avança vers le sac qui avait été déposé juste devant la fenêtre de sa chambre, à quelques mètres de celle des toilettes. Il s'accroupit devant la masse et commença à défaire le nœud.

« Non, ne t'avance pas », dis-je à Iris.

Avec l'éclairage extérieur, qui s'était allumé automatiquement grâce au détecteur, je devinai le type d'objet dont il s'agissait : un sac à gravats de couleur beige, renversé à l'horizontale.

J'entendis Alex prendre une grande inspiration au moment où il enleva la cordelette qui retenait l'ensemble.

Iris me prit la main. Sa peau était toute moite.

« Ils n'ont quand même pas fait un truc pareil ! » murmura-t-elle.

Alex ouvrit le sac et mit ses mains à l'intérieur. Puis, très lentement, il sortit le corps de l'animal et le prit dans ses bras. Il ne bougeait plus.

« DORIAN ! Mon Dorian ! Qu'est-ce qu'ils t'ont fait !!! »

Nous nous approchâmes lentement de la zone sinistrée, mais Iris, qui ne supportait pas la scène, fit demi-tour et repartit à l'intérieur du garage.

Alex serrait la bête contre sa poitrine, de la même manière qu'il avait tenu la gueule d'une de ses vaches quelques semaines auparavant. Il accumulait une nouvelle perte ; cette fois-ci, il s'agissait d'un membre de sa famille. C'est en tout cas ce que je me disais en le voyant étreindre l'animal inanimé comme on l'aurait fait d'un nouveau-né.

Je n'osais pas m'approcher davantage, pour respecter son intimité, mais je souhaitais malgré tout lui montrer ma compassion et mon soutien. Je m'étais installé sur le côté, légèrement en arrière, de façon à ce qu'il m'entende sans toutefois se sentir observé.

La brise qui soufflait m'empêchait d'entendre distinctement les paroles, mais il chantait. En regardant Dorian, sa langue pendant sur le côté, je remarquai que sa gueule avait été fracassée.

Cherbourg était devenue une ville mourante, et l'absence quasi totale de touristes avait eu pour effet d'achever une part importante des commerces. Les résidents à l'année n'avaient pas suffi à redresser la barre après l'effroyable premier confinement qui avait, malgré les aides publiques, poussé les indépendants vers la ruine.

Nous avions garé la voiture à l'entrée de la ville dans un gigantesque parking à moitié vide. Une prison se situait juste derrière, et nous étions obligés de passer à côté pour rejoindre les rues piétonnes qui constituaient la seule zone à peu près agréable à visiter.

Le théâtre du Trident – un joli bâtiment en travaux depuis on ne sait quand – trônait au milieu de la place du Général-de-Gaulle. D'habitude, le lieu grouillait de badauds et de touristes venus faire du shopping ou prendre un verre dans l'un des nombreux bars du coin – Alex nous l'avait précisé. Mais en cette période intermédiaire, où l'on sentait qu'il s'agissait davantage d'une accalmie de l'épidémie que d'une véritable cessation, les gens n'avaient pas le goût d'acheter, ni même vraiment de se détendre. Ou en tout cas, ils le faisaient avec modération et avaient forcément en tête un impératif qui obsédait la plupart des Français : mettre de l'argent de côté, autant qu'il était possible. En attendant la tempête.

Les commerçants faisaient pourtant tout ce qu'ils pouvaient pour attirer les clients, à coups de promotions extrêmes et de vitrines méticuleusement construites, mais la terreur économique était plus forte que tout. Certains faisaient bien semblant de s'avancer vers les magasins en respectant les gestes barrières, sauf qu'il y avait rarement des achats qui s'ensuivaient.

Les autres activités souffraient aussi de la situation désastreuse. Des agences immobilières, des cabinets d'avocats et des hôtels avaient dû fermer boutique. Sans doute pour toujours. J'observais toutes ces devantures closes, tous ces rideaux de fer baissés, toutes ces pancartes « à vendre » qui illustraient pudiquement les drames humains qui devaient se jouer derrière. Le phénomène était d'autant plus poignant que la création d'une activité nécessite généralement de lourds efforts, et un temps particulièrement long avant d'être pérennisée. Les salariés, quoi qu'on en dise, ne prennent pas le même type de risque en travaillant pour autrui.

Nous nous étions installés au Café de l'Étoile, où beaucoup d'étudiants avaient l'habitude de se retrouver. C'était l'un des lieux préférés d'Alex à Cherbourg, mais il ne pouvait cesser de penser à l'événement de la veille.

Dorian ligoté dans un sac à gravats, la gueule fracassée… Quelqu'un avait dû lui exploser la tête avec une pierre, puis avait déposé le corps juste devant la fenêtre de sa chambre, bien en évidence.

Nous avions insisté, Iris et moi, pour qu'il aille déposer plainte au commissariat, mais il n'en avait pas eu la force.

Dorian n'avait que cinq ans, c'était un berger australien particulièrement vif, que les parents d'Alex avaient recueilli lorsqu'il avait six mois. Ses précédents maîtres l'avaient courageusement abandonné dans la forêt, près de Valognes, après lui avoir enlevé son collier.

Jérôme et sa femme avaient été prévenus du drame, mais Alex n'avait pas eu le courage de leur dire la vérité, il avait préféré leur expliquer qu'il avait été renversé par une voiture. Cela valait sans doute mieux.

« Vous pensez pas qu'il faut qu'on arrête tout ? suggérai-je, alors que le serveur nous avait apporté trois Irish coffees.

– C'est clairement à Alex de décider, je pense. Mais j'avoue que la pression devient délirante… Qui sait ce que ces tarés sont capables de faire. »

Je n'avais jamais vu Iris afficher une telle mine. D'habitude si forte et déterminée, elle était sur le point d'abandonner.

Alex prit une gorgée de sa boisson puis lâcha un long soupir.

« Mon père est en train de sombrer. Ma mère m'a dit qu'il avait encore perdu cinq kilos, et clairement, il ne réagit pas bien au nouveau protocole. Il faut qu'on continue jusqu'au bout. »

Nous passâmes ensuite à la librairie Ryst, une institution locale qui vendait un nombre impressionnant de livres, sur deux étages, pour tous les publics. L'endroit était splendide.

À peine entrée, Iris se précipita sur le rayon développement personnel ; Alex se dirigea quant à lui vers les livres de cuisine, l'une de ses passions – en particulier ceux sur les desserts. Depuis le début de la crise sanitaire, le secteur avait explosé, boosté par la popularité de chefs médiatiques comme Philippe Etchebest ou Cyril Lignac qui, pour ce dernier, écrivait lui-même des bouquins. La cuisine participait à une sorte de mouvement de reconquête de la fierté nationale, la forte tradition culinaire du pays constituant l'un des derniers avatars de la marque France. Selon moi, c'était aussi un signe éminent de déclin, je percevais ce phénomène comme la manifestation d'un renoncement. La nation était larguée dans à peu près tous les domaines, en particulier dans l'industrie et les nouvelles technologies, alors on sortait nos dernières cartouches : la bouffe et, dans un autre genre, les sacs à main.

Il allait falloir en vendre beaucoup pour redresser la baraque France.

Je me baladai dans le rayon romans, qui était déjà sur le point de lancer son arme de guerre annuelle : la rentrée littéraire, qui permettait souvent, selon le millésime, de découvrir quelques perles. Mais l'événement était lui-même affaibli par les mesures de restriction qui avaient violemment impacté le secteur de l'édition au printemps. À tel point que *Les Inrocks* s'étaient demandé, au mois de mai, si la grand-messe allait vraiment avoir lieu.

J'avais pris *La Peste* d'Albert Camus, qui était devenue un classique du confinement.

« Vous payez comment, monsieur ? me demanda le libraire qui avait des faux airs de Joe Dassin.

– Par carte, s'il vous plaît. »

Le mec me regardait de travers et fronçait les sourcils. Il glissa le livre dans un sac en plastique.

« C'est bien ce que vous faites. »

Je me retournai pour savoir s'il parlait à quelqu'un d'autre.

« J'vous le dis, c'est très bien ce que vous essayez de faire, avec vos amis. »

Je restais suspicieux.

« Désolé, j'vous ai reconnus tous les trois, lorsque vous êtes entrés. On a des caméras, vous savez. »

Il pointa du doigt deux écrans juste à côté de sa caisse.

« Ah oui, d'accord, je vois. Écoutez, merci, je... je ne sais pas trop quoi vous dire.

– C'est très polémique d'aborder ce sujet, vous avez dû vous en rendre compte. » Il scrutait les gens autour de nous pour s'assurer que nul n'entendait.

« Personne veut en parler, en dehors de quelques canards courageux, reprit-il. Mais ça doit être fait. J'ai une personne de ma famille qui vient de perdre un enfant, à cause de ces saloperies. Cancer incurable. Vous imaginez ?

– En Normandie ?

– Non, en Loire-Atlantique, à Sainte-Pazanne. Mais il y a aussi eu des cas en Charente-Maritime. On a relevé des traces de métaux dans les cheveux des mômes. Vous savez sans doute tout ça. Avec tout le battage autour des énergies renouvelables, on peut plus rien dire, c'est de la folie ! Faut enquêter sereinement. Je sais que y a un groupe, ToxSeek, qui analyse tout ça, les perturbateurs endocriniens, vous devriez vous renseigner là-dessus. Que les morts ne meurent pas pour rien. »

Nous reprîmes la voiture en direction de la plage. Il commençait à pleuvoir mais Iris voulait aller marcher le long de la mer, pour se détendre. Et sortir un peu de l'atmosphère pesante que nous subissions à la ferme.

« Arrêtez de faire la gueule, les mecs ! On est vivants. Il faut vivre. Regardez. »

Elle sortit son iPhone de sa poche et lança une vidéo YouTube avec un ciel nuageux en trame de fond. Une voix off récitait une sorte de poème, précisément intitulé « Il faut vivre ».

« Écoutez », nous demanda-t-elle, alors que nous nous asseyions sur le sable, sous la pluie. Le tonnerre commençait à gronder.

« Voici ce que j'ai pu récolter en discutant avec les uns et les autres. Tout est là-dedans, nous expliqua Marie-Hélène, qui était venue déjeuner avec son amie Mathilde. Vous avez notamment la liste des exploitations où il y a eu un problème avec les bêtes ou l'éleveur, et après, j'ai essayé de regrouper les noms des cas de cancers, pédiatriques ou pas, pour essayer de faire le lien. »

Elle avait effectué un travail de fourmi en contactant chaque personne individuellement, pour s'assurer qu'il n'y avait pas d'erreur. À force, elle connaissait chaque dossier, chaque parcelle de terre, chaque famille concernée. Il restait difficile d'établir une seule origine au vaste phénomène, mais son apport constituait une précieuse cartographie.

Le voisin s'était joint à nous et s'intéressait d'autant plus au dossier que lui aussi venait d'être confronté au problème : ses propres vaches venaient à leur tour de tomber malades. Lui-même était de plus en plus souvent en proie à des maux de tête, même si son médecin les avait davantage attribués au Covid, qui pouvait aussi provoquer de tels symptômes.

Alex se plaignait de son côté de lourdeurs dans les jambes depuis quelque temps, mais il pouvait y avoir des causes multiples à l'origine de la gêne, et la souffrance restait supportable. Ce n'était pas ce qui nous inquiétait le plus.

Nos invitées repartirent vers dix-sept heures en nous souhaitant bon courage. Marie-Hélène avait voulu nous proposer de venir déjeuner à L'Équipage le lendemain, avant de se souvenir que certains de ses collègues, ainsi que son patron, avaient une sacrée dent contre nous.

« Bon… en tout cas, on se revoit bientôt, les amis ! Hein ? Vous pouvez m'appeler quand vous voulez, je bouge pas de la région cet été.

Nous préparâmes le matériel pour tourner la nouvelle vidéo, qui devait nous permettre de présenter les derniers éléments au sujet de l'affaire. C'était un épisode décisif, dans la mesure où nous allions avancer des données factuelles circonstanciées.

Iris lança l'iPhone et vint nous rejoindre avec Alex devant la caméra.

« C'est bon, ça tourne, on y va quand vous voulez. »

Cette fois-ci, c'est moi qui pris la parole en premier. J'avais rassemblé devant moi les éléments que nous avait remis Marie-Hélène, ainsi que d'autres documents que j'avais imprimés le matin même.

Nous étions en live sur YouTube, et plusieurs milliers de personnes visionnaient la vidéo en direct. Il ne fallait vraiment pas dire de conneries. Je prenais soin d'employer le conditionnel à chaque fois que je mentionnais un fait : « cette personne pourrait avoir été contaminée » ; « cet enfant aurait été exposé » ; « cet éleveur serait décédé ». Sur internet, la publication d'un tel message nous exposait à des sanctions, si nous nous attaquions sans fondement à quelqu'un, ou si nous tenions des propos diffamatoires, y compris à l'encontre d'une entreprise. Iris maîtrisait la problématique à la perfection mais moi, j'y étais peu habitué. Alors je parlais doucement, comme pour atténuer la violence de mes accusations.

Alex prit le relais et s'attarda longuement sur les nombreuses intimidations dont nous avions été l'objet, sans toutefois mentionner le nom de l'enfoiré de l'épicerie. Cela ne nous aurait avancés à rien, et surtout, nous ne pouvions pas affirmer que c'était aussi le mec responsable de la mort de Dorian. Bien d'autres personnes pouvaient avoir intérêt à nous faire taire.

Iris s'exprima en dernier et tenta dans la mesure du possible de dédramatiser le ton de la vidéo :

« Mes amis sont inquiets, et moi aussi, à vrai dire, mais rien n'est perdu ! De ce que nous comprenons, il n'y a aucune fatalité, et s'il y a une prise de conscience des causes de cette pollution, le phénomène pourra cesser rapidement. Il n'y a aucun complot ! Mais un sacré sac de nœuds. Le sujet commence d'ailleurs à sortir, mais c'est encore trop lent. Et pendant ce temps, des gens tombent malades alors qu'on pourrait très bien l'éviter. »

La maison paraissait spectaculairement silencieuse, sans la joie et les fantaisies de Dorian. J'avais tellement l'habitude de le caresser et de lui faire des baisers sur la tête que je me sentais comme amputé, sans lui. Pour pallier ce manque, j'allais régulièrement voir les lapins, au fond du jardin ; j'y croisais souvent Iris, qui pouvait rester des heures immobile, assise à côté des cages. Parfois, elle prenait une bête dans ses bras et la berçait comme un bébé en fredonnant des chansons. Les animaux la rendaient incroyablement douce et calme.

« T'as pas vu Alex ? » dis-je en m'approchant d'elle.

Elle s'était allongée sur l'herbe avec Blue, un lapin aux yeux bleus qu'elle tenait contre elle.

« Il est chez le voisin, ça discute paperasse et aides du gouvernement, je crois. Pose-toi. »

Je m'assis près d'elle. L'atmosphère était encore lourde ; nous accusions vraiment le coup.

« T'as contacté ta galerie, au fait ?

– Ah non, j'ai même pas eu le temps… Mais j'vais le faire. J'ai aucune envie de continuer à passer mes journées le cul planté devant un ordinateur. C'est terminé, ça. En plus, ils ont tellement peur des contaminations, ces cons, qu'ils exposent maintenant les œuvres dans les vitrines. Pour que les passants puissent voir les tableaux de l'extérieur.

– Ah ouais ? J'vois le délire, j'ai vu qu'Olivier Rousteing voulait aussi faire ça, pour Balmain.

– C'est tellement déprimant… Quitte à faire du télétravail, autant que ce soit à la campagne. D'ailleurs, j'ai une copine qu'avait une boîte de coaching sur Paris, eh bah tu sais quoi, depuis le bordel du Covid, elle a tout déménagé à Aix-en-Provence. Et ça tourne pareil, avec Zoom et Skype. J'ai plus envie de me faire chier.

– J'suis un peu dans le même état d'esprit, ces derniers temps.

– Ouais, c'est ce que j'ai cru comprendre… Mais tu te verrais, pour de vrai, travailler avec moi ? »

J'espérais tant qu'elle me le propose.

« Écoute… c'est vrai que c'est encore frais tout ça, et Dieu seul sait ce qui va se passer dans ce pays à la rentrée, mais…

– Tu te verrais ou pas ? me coupa-t-elle tout en continuant à caresser Blue.

– Euh… ouais, ouais, carrément ! Si j'arrive à gagner assez, et si tu peux…

– Arrête de mettre des conditions sans arrêt, putain, c'est pénible. Tu veux ou tu veux pas. C'est assez limité comme choix ! Non ?

– Nan mais oui, bien sûr ! Faudra juste que tu m'indiques comment… »

Elle lâcha le lapin des mains et me prit dans ses bras.

« Faut pas que tu me lâches, David ! Hein ! Faut surtout pas que tu me lâches. » Elle sanglotait. « Maintenant, on est une *team* ! J'veux pouvoir te faire confiance, d'accord ? Hein ? Dis-moi que t'es d'accord. Dis-moi. J'en ai marre d'assumer ça toute seule.

– Bien sûr, Iris, bien sûr…

– Bon… Tant mieux ! »

Elle sécha ses larmes et me fit un large sourire, nettement forcé.

« Maintenant, David… je vais… t'expliquer comment je vois la suite. » Elle se redressa et s'assit près de moi, dos contre le bois du clapier. « J'crois qu'il y a une carte à jouer.

– Ah, mais oui, c'est sûr, faut qu'on aille au bout du dossier, tu sais bien que…

– J'te parle pas seulement de ça, Dada, j'te parle de nous. »

Iris m'expliqua qu'elle avait été contactée par une célèbre publication qui était intéressée par son travail. Le magazine était à la recherche de nouveaux sujets, notamment autour du thème de l'écologie et des catastrophes naturelles, et souhaitait discuter avec elle d'un éventuel projet, qui prendrait comme point d'ancrage la ferme de Ruffosses. Le responsable éditorial voulait frapper un grand coup et savait qu'il y avait une attente d'histoires fortes et singulières chez le public français. En pratique, les dossiers consacrés aux faits divers marchaient particulièrement bien et permettaient souvent aux journaux de se refaire une santé financière. C'était une véritable manne.

Les gens du magazine suivaient la chaîne YouTube d'Iris depuis déjà des mois, un peu comme un feuilleton, et avaient justement pour ambition de scénariser son travail pour toucher les esprits au maximum. La situation présentait de nombreux avantages pour eux : Iris était de plus en plus populaire, très suivie par les jeunes, et l'histoire dramatique qu'elle portait avec Alex et moi avait en elle-même un caractère romanesque. Pour l'instant, ils n'en étaient qu'au stade des pourparlers et des simulations, mais Iris comptait bien les relancer régulièrement, c'était pour elle l'occasion unique de faire une couverture dans la presse nationale. Les effets d'une telle mise en avant pouvaient s'avérer déterminants, en termes de notoriété. L'opération était de surcroît rémunérée, car le dossier était censé aller bien au-delà de la pure analyse journalistique. Une somme de quinze mille euros avait été évoquée au téléphone.

« C'est l'occasion de ma vie. Après tous ces efforts et toutes ces années sur Instagram qui m'ont pas rapporté grand-chose, à part un peu de tune, ce serait enfin la reconnaissance. Mais rien n'est encore fait, et on m'a clairement fait comprendre qu'ils continueraient quoi qu'il en soit à suivre le dossier. La balle est dans notre camp.

– C'est-à-dire, dans notre camp ?

– Bah si on veut closer le deal, faut mettre du sel dans tout ça. »

Nous recevions régulièrement des menaces de mort sur le répondeur du téléphone, et également par courrier. Le récit de nos recherches en agaçait plus d'un, sans que nous soyons en mesure d'identifier avec précision les fauteurs de troubles.

Alex était persuadé que le bonhomme de la supérette était dans le lot, lui qui avait prévenu qu'il nous rendrait « la vie impossible » si nous continuions à l'ouvrir. Iris, de son côté, y voyait aussi l'intervention des lobbies industriels qui, d'une manière ou d'une autre, souhaitaient empêcher, ou à tout le moins freiner, nos révélations fracassantes. Il y avait de gros sous en jeu derrière tout ça. Et des impacts réputationnels potentiellement gigantesques pour certains groupes.

Le scandale ne résidait plus vraiment dans le fait que nous dénoncions un phénomène de pollution, puisque celui-ci était désormais connu, et à peu près relayé dans certains médias ; notre tort, c'était d'en rajouter une couche presque tous les jours, à coups de posts Instagram et de vidéos YouTube accablantes. On ne se contentait pas de traiter le sujet, on essayait de saturer l'espace pour que cela produise des effets réels sur le terrain administratif et judiciaire. C'était du contre-marketing viral.

À Cherbourg, la situation semblait de plus en plus confuse. D'un côté, des pêcheurs manifestaient contre l'installation du nouveau parc éolien offshore, notamment au nom de la préservation de la biodiversité ; de l'autre, des syndicats se plaignaient des conséquences sociales du confinement et craignaient une aggravation de la situation de l'emploi face à une possible deuxième vague épidémique. Pour autant, les deux groupes n'étaient pas véritablement opposés, mais on n'observait aucune convergence des luttes. On sentait bien qu'il était difficile d'arbitrer entre plusieurs objectifs qui pouvaient parfois emprunter des voies distinctes : la préservation de l'environnement d'une part, la défense de l'emploi d'autre part. C'était un cas d'école.

Là encore, il n'y avait pas eu besoin de l'intervention d'un quelconque lobby ou d'une quelconque autorité pour foutre le bordel ; les pauvres se battaient entre eux en se lançant des slogans au visage : « Tu veux détruire la faune marine, connard ? » ; « Et comment j'vais pouvoir nourrir mes enfants, si je perds mon boulot ? » ; « Tu préfères vraiment les mines de charbon aux centrales nucléaires ? Sale vendu ! »…

Le Covid n'avait pas véritablement créé de nouveaux affrontements, il avait simplement aggravé des problèmes antérieurs, qui devenaient désormais insolubles. Alors le ressentiment, la jalousie et la haine se développaient, à cause de la peur du lendemain.

Les mouvements n'étaient pas sans rappeler les Gilets

jaunes, à ceci près que l'étape suivante avait été franchie, entre-temps. L'heure n'était plus à la conquête de nouveaux droits, ni à l'amélioration des conditions de vie ; il s'agissait seulement de sauver sa peau en préservant le strict minimum. Car, contrairement à ce qu'on disait souvent, les Français avaient parfaitement conscience du niveau de la dette publique et des conséquences terribles que son explosion – due au Covid – aurait sur les décisions politiques. Tout le monde sentait le tsunami arriver, plus personne ne réclamait l'impossible.

Sauf que la France n'était même plus en mesure de fournir le raisonnable.

Iris s'était rendue à la boulangerie pour acheter des baguettes ; je m'étonnai de la voir rentrer bredouille.

« Bah alors ? Tu t'es perdue en chemin ? » lui dis-je alors que je sortais de la salle de bains.

Elle venait de subir le même sort qu'Alex et moi à la supérette. À peine était-elle entrée dans le magasin que la gérante – une femme d'une trentaine d'années qui vivait au-dessus de la boutique avec ses deux enfants – l'avait prise en grippe. Elle avait refusé de lui vendre le dernier pain de mie qu'il lui restait – qu'elle voulait semble-t-il mettre de côté pour un de ses habitués. Iris avait malgré tout demandé trois baguettes et, alors qu'elle s'apprêtait à payer, la nana avait commencé à l'insulter : « C'est vous, la p'tite qui fait sa mijaurée sur internet ! Si c'est pas une honte. »

Comme j'avais pu l'imaginer, Iris avait immédiatement réagi en lui demandant de s'occuper de son « cul », et là, c'était parti en vrille : « Petite salope d'arriviste ! Poufiasse !

Et ça vient foutre le souk pour récolter du pognon ! C'est tout ce qui vous intéresse, hein, le pognon, le pognon ! Ça croit que ça va gagner des millions en attaquant, en détruisant la réputation d'un village ?! Avec vos saloperies, les prix de nos maisons vont s'effondrer, plus personne voudra acheter ici, t'as pas compris ça, p'tite traînée ! »

La nana était tellement remontée que lorsque Iris était repartie sur son vélo pour se tirer, elle lui avait balancé une boîte de farine au visage.

Alex n'avait pas pris l'agression à la légère et avait appelé la boulangère, que son père connaissait bien, pour lui dire que c'était une honte, et qu'en faisant l'autruche au sujet du problème, elle insultait toutes les personnes qui avaient développé des tumeurs et des leucémies à cause, très vraisemblablement, des terres rares et des champs électromagnétiques. La nana connaissait parfaitement le phénomène, et ne le contestait même pas. Tout ce qui comptait pour elle, c'était la chute des prix de l'immobilier qu'elle avait constatée sur le site MeilleursAgents.com depuis que nous avions révélé l'affaire. « Au moins 30 % ! avait-elle précisé. Peut-être même 35 ! »

Face à cette situation, j'avais commencé à porter un masque pour aller faire mon jogging du soir. Pas vraiment à cause du Covid, mais parce que cela me permettait de dissimuler mon visage aux yeux des gens que je croisais. Pour que l'artifice soit encore plus efficace, je mettais ma capuche sur la tête et je portais des lunettes de soleil. Fort heureusement, les températures avaient chuté, à la mi-août ; mon accoutrement, certes ridicule, était dès lors supportable.

Le port du masque avait ceci de rassurant qu'il nous enfermait dans une sorte de bulle, dont on pouvait, si on le choisissait, ne jamais sortir. Certains appréciaient cette nouvelle culture et la pratique avait eu tendance à se développer depuis le début de l'été. C'était comme une mode ; à ceci près qu'elle avait pour objet non pas la quête esthétique, ou un souci quelconque de l'avant-garde, mais une sordide obsession hygiéniste.

Le pire, c'est que cette obsession paranoïaque cohabitait souvent avec un relâchement aux moments et dans les lieux où le risque était, pour le coup, très caractérisé. Certains continuaient à embrasser leurs grands-parents comme du bon pain, ne se lavaient jamais les mains en rentrant des courses, n'aéraient pas leur putain de baraque, mais ils tapaient le scandale si vous n'aviez pas votre masque dans la rue, alors que même le centre-ville de Cherbourg était la plupart du temps clairsemé, quand il n'était pas carrément vide. On nageait en plein délire.

La confusion mentale était amplifiée par les complotistes de tout poil qui, même s'ils n'y connaissaient rien, se lançaient dans des analyses épidémiologiques complexes que seuls les meilleurs experts pouvaient en théorie mener. Certains avaient tellement envie d'entendre ce qu'ils voulaient entendre que lorsque leur désir n'était pas satisfait, et que la vérité scientifique n'allait pas dans leur sens, ils niaient l'évidence en affirmant tout et n'importe quoi. À en croire les avis qui traînaient çà et là, le Covid-19 pouvait avoir été fabriqué par des élites corrompues qui, non contentes de leur trouvaille, l'avaient balancé sur toute la planète pour satisfaire leurs pulsions satanistes bien connues. Parfois, les thèses avancées se cachaient derrière des analyses plus fines et tortueuses, mais au final, il y avait systématiquement une volonté cachée – Bill Gates, Soros, le sempiternel Attali, « les élites juives » – qui expliquait tout le dispositif. C'était tellement plus simple ainsi.

Dans ce contexte, les menaces que nous recevions, notamment par courrier, relevaient parfois de l'ésotérisme le plus hermétique. Certains attribuaient le cancer du père d'Alex et les multiples morts de bovins à une maladie spécifique que nous aurions développée nous-mêmes à la ferme. Nous avions pris ces messages farfelus à la légère jusqu'à ce que l'un d'entre eux aille jusqu'à dire que « la fille » avait sciemment apporté un nouveau virus pour foutre le chaos dans la région. La chose aurait pu passer pour une attaque sans importance, mais le corbeau avait mentionné, pour nous faire peur, le nom de famille d'Iris ainsi que son adresse postale à Issy-les-Moulineaux. Pour le coup, nous avions déposé une main courante au commissariat. Au cas où.

La situation devenait préoccupante dans la mesure où, en sus du courrier, le corbeau (ou l'un de ses alliés) avait distribué dans toutes les boîtes aux lettres des environs une sorte de descriptif détaillé d'Iris, qui élaborait l'accusation. Son travail à la galerie était précisé, ainsi que ses pratiques sexuelles supposées, et même des éléments quant à ses penchants satanistes qui, apparemment, pouvaient se déduire de ses nombreuses publications sur les réseaux. Et ce, depuis de nombreuses années.

Photos à l'appui, Iris était grossièrement présentée comme une complice des Illuminati, alter ego du grand complot mondial : on la voyait poser dans son salon de la banlieue parisienne avec une tête de bouc – l'objet étant un symbole luciférien notoire –, ou bien avec une main collée sur un œil, rappelant le fameux attribut maçonnique ; ou encore habillée avec une robe à motif de damier qui, lui aussi, faisait référence à un pouvoir obscur et malfaisant. À ce rythme-là, une grande partie de l'humanité pouvait faire partie du club pas si select des Illuminati.

Des gens croyaient vraiment à ces absurdités. Ils étaient même des millions, à la surface de la planète, et pourrissaient toute la toile.

Dans un premier temps, Alex ne crut pas un instant que les habitants du coin puissent adhérer à une telle histoire. Lui-même et ses parents vivaient à Ruffosses depuis de longues années et y avaient beaucoup d'amis, même si l'épidémie de Covid avait, comme partout ailleurs, quelque peu distendu les liens. Autant l'aveuglement d'une partie de la population vis-à-vis des terres rares et des conséquences possibles sur la santé était on ne peut plus réel, et au demeurant scandaleux ; autant faire d'Iris une affabulatrice perverse ne semblait ni possible ni sérieusement pensable.

Nous avions bien tort. Seulement deux jours plus tard, j'avais recroisé un bonhomme avec sa pioche qui m'avait traité de youpin quelques semaines plus tôt. Cette fois-ci, c'est Iris qui en prit pour son grade : « T'es encore dans le quartier, fumier ? Quand est-ce que vous allez dégager, avec ta salope de sorcière ? T'attends qu'elle te contamine toi aussi ? Ou t'es trop con pour comprendre son manège ? »

Ce jour-là, je m'étais arrêté et lui avais enfoncé sa foutue pioche dans son orteil. Sa femme, alertée par les cris, était venue le secourir. J'avais réussi à me tirer avant l'arrivée des pompiers.

La rentrée approchait à grands pas, et avec elle, son lot de doutes et d'incertitudes.

Entre-temps, les vaches qu'il restait à la ferme étaient toutes mortes d'une cause inconnue. Alex avait dû fermer la grange, définitivement.

Le silence s'était brutalement abattu sur l'exploitation.

Alex était parti précipitamment à Caen et ne nous avait même pas dit quand il revenait.

Je passais l'essentiel de mes journées dans ma chambre, et Iris dans la sienne. La cruauté des événements et leur enchaînement impressionnant avaient en quelque sorte vidé nos âmes. Alex nous manquait, Dorian aussi, les vaches avaient disparu ; alors nous avions sorti le lapin Blue de sa cage et l'avions progressivement domestiqué pour nous en faire un nouvel ami. On avait voulu le détourner de son destin.

Les coups de fil menaçants et les courriers accusateurs ne faiblissaient pas mais nous avions désormais tendance à les ignorer. La nuit, nous débranchions le téléphone fixe et ne le rallumions qu'à l'heure du déjeuner, le lendemain matin. Pour avoir la paix.

Nous ne fréquentions plus du tout les environs, et comme nous n'avions pas le permis, nous nous faisions livrer la nourriture en commandant directement sur le site du supermarché Leclerc. Le livreur déposait le carton devant le portail, donnait un coup de klaxon pour nous prévenir puis se tirait immédiatement. Sans contact, sans échange aucun.

Nous étions toute la journée sur nos écrans, passant d'application en application, de plateforme en plateforme, de série en série. Iris et moi nous entendions bien, il n'y avait plus d'engueulades, ni de réflexions désagréables de part et d'autre. En fait, on ne se parlait pas.

La lente extinction avait commencé quelque temps avant le départ d'Alex, lorsque le cadavre de la dernière vache avait été embarqué, après une visite du vétérinaire. Le voisin avait assisté à la scène, médusé, car il sentait que ses propres bêtes étaient sans doute les prochaines sur la liste.

Marie-Hélène avait recensé de nouveaux cas similaires aux nôtres dans plusieurs régions de France et nous avait transmis les informations par mail. Nous y avions jeté un coup d'œil, mais n'avions pas voulu en faire une énième vidéo ou une annonce quelconque sur les réseaux sociaux. Notre combat restait pourtant vivant, d'une certaine façon, puisque toutes les publications disponibles recueillaient chaque jour de nouvelles réactions et de nouveaux commentaires. Nous les lisions avec intérêt, mais n'y répondions plus.

La presse locale et même nationale commençait à bien relayer l'information, et le directeur du comité scientifique de ToxSeek s'était exprimé dans plusieurs médias. Mais pour nous, c'était trop tard.

Sans Alex, l'ambiance devenait tellement désagréable dans la maison que nous avions pensé quitter les lieux pour rejoindre Paris, ou même éventuellement un autre endroit. Nous devions cependant nous occuper de la basse-cour, et nous ne nous sentions pas capables de laisser cette charge au voisin, dont le moral se détériorait de jour en jour, au gré des douleurs et des infections de ses bovins.

À la télévision, le spectacle du Covid ne cessait de s'amplifier, avec toujours les mêmes visages mornes, les mêmes propos désespérants, les mêmes débats incessants. J'attendais pour ma part un vaccin pour que le monde passe enfin à autre chose, mais il n'y avait encore aucune solution viable sur le marché.

Il m'arrivait parfois de m'endormir en pleine journée, pendant des heures, pourtant je faisais des nuits complètes. De toute façon, il n'y avait rien à foutre, à part attendre, attendre, attendre, encore et toujours.

Attendre Alex, bien sûr, et peut-être ses parents ; attendre l'apaisement des tensions dans le village, ce qui allait bien se produire un jour ou l'autre ; attendre la décroissance de la pandémie, des cas, des contaminations ; attendre la fin des restrictions, des interdictions, des attestations, pour recouvrer toutes nos libertés ; attendre la réouverture des frontières, des lignes aériennes, des possibilités de voyager ; attendre la reprise économique, dans laquelle nous fondions tous nos espoirs ; attendre un changement de gouvernement aux États-Unis pour réintroduire de la raison ; attendre la fin de l'hystérie dans les foyers et sur les réseaux asociaux pour notre santé mentale ; attendre le renouveau culturel, aussi, pour que réapparaissent les vraies évasions ; attendre l'avant-garde intellectuelle, qui manquait, pour réinjecter du sens ; attendre la fin de l'hiver, pour reprendre le contrôle du virus ; attendre les baisers, les embrassades, les enlacements gratuits ; attendre l'amour, le sexe et l'indispensable sensualité ; attendre le retour à l'autre, et de l'autre, pour que les rencontres aient à nouveau lieu ; attendre la vie, d'abord, car la mort envahissait tout.

Je fus réveillé par Iris qui me secouait énergiquement : « Réveille-toi, y a un truc dehors !

– Oh putain… qu'est-ce que c'est encore que ces conneries, bordel. »

J'enfilai un pantalon et descendis dans le salon. Iris avait l'air flippé.

« T'entends le bruit ? »

On entendait effectivement des éclats de voix qui venaient de l'extérieur.

« C'est peut-être le voisin qu'organise une fête, tu crois pas ?

– À quatre heures de l'après-midi ?

– J'en sais rien, moi, pourquoi pas ? »

Elle poussa un cri et pointa du doigt la fenêtre de la cuisine, qui donnait sur l'entrée extérieure.

« Regarde ! »

Une dizaine de personnes étaient agglutinées devant le portail ; certaines tenaient des espèces de pancartes sur lesquelles figuraient des inscriptions. On pouvait notamment lire : « DEHORS LA PUTE ! », « LE POISON EST ICI ! » ou encore « PIRE QUE LE COVID ».

Iris était blême.

« Mais qu'est-ce que c'est que ces tarés ?! m'écriai-je. Faut appeler les flics direct. »

Le téléphone sonna. C'était le voisin.

« David ? T'as vu le bordel qu'il y a devant chez vous ? Vous voulez que je passe ?

– Ouais, là, je t'avoue qu'on veut bien. »

Il arriva dans la minute en passant par son jardin, qui avait un accès direct à la maison.

« Ça va ? Vous êtes pas trop traumatisés ? nous demanda-t-il en nous rejoignant dans la cuisine.

– Faut qu'on appelle la police, c'est du délire total ! m'exclamai-je en prenant Iris dans mes bras.

– Vous pouvez, mais à mon avis ils viendront pas. C'est pas vraiment un rassemblement, et surtout, ils sont du côté de la population… Je peux vous le dire, j'en ai parlé à un ami qui bosse à la communauté de communes. Personne vous soutient, en tout cas officiellement.

– Nan mais attends, c'est de la folie, tu vas pas me dire que des élus ou des flics croient à des histoires de sorcières ! Ça n'a aucun sens !

– Mais ils ont pas besoin d'y croire pour s'y soumettre, tu sais. Vous avez quand même foutu un gros bordel depuis le début de l'été, et le corbeau en a bien rajouté une couche, c'est clair. Donc maintenant, y a un doute.

– Un doute ?! Mais un doute sur quoi ? Tout le monde sait qu'Iris est arrivée bien après ces histoires de contamination et de cancers, en quoi est-ce qu'elle pourrait avoir le moindre rapport avec ça ? Tu m'expliques ?! Elle serait allée avec son bidon de produits chimiques contaminer les terres et les étangs, peut-être ! C'est absurde.

– Mais je suis bien d'accord avec toi. Tu sous-estimes la peur des gens, en fait. Ils sont terrorisés de tout, partout. Ils adhèrent à n'importe quoi, sur internet. Regarde, maintenant y a même des médecins de je ne sais où qui ont l'air de dire que le Covid n'existe pas ! Alors t'imagines l'effet sur les gens d'entendre ça ? Si on peut adhérer à des théories pareilles, on peut croire que la Terre est plate, ou que les Martiens vont débarquer dans votre jardin.

– Ou qu'Iris est une envoyée du système…

– Exactement. Le problème, c'est que y a pas de police de la connerie, même quand c'est du délire de maniaque. Faut attendre, ça va se calmer, vous en faites pas trop… Mais les excitez pas, sinon ils vont en rajouter. Jusqu'à ce que vous vous tiriez. Ça peut faire mal, un village qu'on réveille. »

Les pseudo-manifestants avaient fini par se disperser, mais avant de partir, ils avaient pris soin de balancer leurs pancartes et leurs affiches dans le jardin. Au cas où nous ne les aurions pas vues. Le cirque avait duré près de trois heures.

J'avais organisé un petit goûter pour nous remettre de nos émotions. On s'était servi du lait ribot, qui avait été fabriqué grâce à la production de Teresa, la dernière vache à avoir quitté la vie. Elle attendait un petit veau et s'était battue jusqu'au bout pour rester sur ses pattes, avant qu'une infection ne l'emporte. Son système immunitaire avait été laminé par la pollution de l'environnement.

Sur le coup de dix-huit heures, Alex nous avait enfin donné quelques nouvelles, qui n'étaient pas si mauvaises. Un protocole inédit venu des États-Unis avait contribué à redonner de l'énergie à Jérôme, lui permettant à nouveau de s'alimenter de façon autonome. On pouvait encore avoir de l'espoir.

Peu avant le dîner, et après de longues hésitations, Iris avait formellement informé sa galerie qu'elle mettait un terme à son stage, ce qui lui avait valu un échange vif avec sa responsable. J'avais un instant essayé de l'en dissuader, vu le tournant incertain que prenait le séjour, mais elle n'avait plus du tout envie d'y retourner. « J'vais sans doute pas rester ici, en tout cas pas dans ce trou. Mais Paris, plus jamais. »

En fin de soirée, j'avais ressenti le besoin d'appeler mon ami Simon, qui avait vaguement entendu parler de notre histoire sur le net. « C'est horrible, cette affaire de champs électromagnétiques ! » Il n'était cependant pas au courant du reste : les courriers, les altercations, le massacre de Dorian. Je n'avais de toute façon pas la force de lui en faire part.

Son installation à la frontière suisse se passait plutôt bien, même si son quotidien n'avait pas été révolutionné autant qu'il l'aurait espéré. Les restrictions avaient eu pour effet de généraliser le télétravail, y compris là-bas, et son employeur était en passe de vendre les locaux qu'il possédait à Genève. « Au final, je suis l'essentiel du temps sur mon laptop. Douze heures par jour… »

Bien qu'il habitât un petit village, il restait connecté aux médias et à la vie parisienne, notamment par l'intermédiaire de ses proches. Il déplorait d'ailleurs le comportement de plusieurs de ses amis et anciens collègues qui, face au virus qui circulait de nouveau, développaient un discours ouvertement négationniste. Un documentaire était sorti de manière plus ou moins clandestine sur internet et défendait une position très contestable au sujet du Covid : il y aurait eu manipulation des labos, de certains médecins, et même des gouvernements qui s'étaient en quelque sorte passé le mot pour tyranniser les populations – dans un but sombre et mystérieux.

Des collectifs s'étaient répandus sur la toile pour dénoncer la « supercherie » et « lister les coupables » instigateurs d'un « Grand Reset ». Dans ce combat, toutes les paroles publiques devaient être discréditées, des interventions des chefs d'unités hospitalières aux déclarations des membres du Conseil scientifique, quels que soient leur parcours et leur engagement personnel. Par conséquent, tout était passé au peigne fin pour trouver, ici ou là, le moindre facteur de doute, de crainte ou de suspicion. Tout lien entretenu de près ou de loin avec un labo était dès lors considéré comme disqualifiant ; toute proximité avec un membre du gouvernement faisait naître un scandale médiatique ; et toute personne favorable aux restrictions de déplacement était immédiatement affublée du titre de « vendu ».

La grande dénégation se propageait à l'échelle internationale, certains s'amusaient même à créer des foyers de contamination en organisant d'immenses soirées sans masque, dans des maisons ou de vastes appartements. Pour faire un pied de nez au système.

En attendant, les morts étaient bel et bien morts.

Il y a souvent des alternatives dans l'existence. Des options souhaitables et non souhaitables, du réussi et du raté, du bien et du mal. Et toutes nos démarches, tous nos efforts sont concentrés non pas vers ce qu'on pourrait appeler notre bonheur, mais plus spécifiquement vers l'option la meilleure, la plus optimale, la plus profitable. Quoi de plus évident ? Sauf qu'une zone en réalité très étendue commençait à apparaître à ma conscience, alors qu'Iris et moi passions nos journées à vagabonder à la ferme comme des semi-vivants. Cette zone, ce domaine de la perception, n'avait pas vraiment de forme, ni de nom connu ; c'était plutôt une tentation, ou une inclinaison : celle du noir et du sombre.

Moi qui avais été longtemps amateur de films d'horreur et de livres à frissons, je réalisais que ce sentiment pouvait largement resurgir dans des contextes particuliers comme celui dans lequel nous vivions. Le quotidien nous paraissait si brutal, si délibérément négatif, que nous avions envie de trouver un refuge quelque part. Et comme celui-ci ne pouvait être un lieu, ou une situation objective, nous étions tentés de nous inventer un sanctuaire mental, quasi imaginaire, qui accompagnerait nos tourments et notre peur radicale.

Contrairement à ce que je croyais, cette espèce d'invention n'avait rien de directement morbide, puisque c'était précisément une façon pour nous de ne plus penser à la mort. Ou, plus exactement, c'était une manière d'y penser tout le temps pour ne plus qu'elle nous glace.

Je percevais ce mouvement comme un réel geste de survie, presque créatif, qui nous permettait avant tout de nous échapper. Il n'y avait d'ailleurs pas d'autre construction imaginaire possible, sauf à vouloir s'extraire totalement de notre situation concrète. En réalité, je sentais que mon univers mental n'avait pas d'autre choix que de s'adapter à l'environnement, lequel, très nettement, s'assombrissait. J'en arrivai ainsi à la conclusion tout à fait contre-intuitive selon laquelle pour supporter l'adversité, dans un sens large, il fallait d'abord essayer de l'aimer, voire de s'y vautrer. Un peu comme à l'occasion d'une rupture amoureuse, où l'on est tenté de noyer son chagrin dans des chansons ou des films eux-mêmes tristes, Iris et moi développions un enclin presque naturel pour le noir, sous toutes ses formes possibles.

Elle m'avait d'abord initié au peintre Pierre Soulages, dont une grande partie de l'œuvre est vouée à l'étude du noir, puis j'avais moi-même voulu me replonger dans des livres et des musiques aux inspirations gothiques que j'avais pu retrouver sur internet. Iris et moi y consacrions plusieurs heures par jour pour tuer le temps et nous en discutions ensuite à l'occasion des repas, les seuls moments d'échange qui nous restaient.

Au-delà, je commençais à comprendre la fascination moderne, y compris dans la culture mainstream, pour les récits sombres et dystopiques, voire carrément apocalyptiques. Je ne voyais pas réellement une tentation du mal obscène chez ceux qui appréciaient ces contenus, mais plutôt un écho à l'existence qui se dessinait pour une grande partie de l'humanité. Cette lecture du monde avait d'indéniables qualités réconfortantes.

Iris se sentait particulièrement oppressée. Elle avait beau jouer à la fille forte et inarrêtable, les pancartes garnies d'insultes continuaient à s'afficher devant ses yeux comme autant d'agressions et de coups. « C'est comme si des mecs me foutaient des beignes sans jamais s'arrêter », me confia-t-elle une nuit, alors que nous ne parvenions pas à dormir. Elle avait surtout été traumatisée par l'expression « DEHORS LA PUTE » qui, en trois mots seulement, l'avait attaquée comme une armée de pitbulls. Le langage utilisé dans un tel contexte et écrit en de telles majuscules constituait une violence rare, quelle que soit la stupidité des auteurs. Un mot était un mot, et une phrase pouvait réellement tuer.

Les procédés utilisés contre nous, et qui visaient Iris en particulier, comportaient tous les attributs de la plus crasse médiocrité, mais ils présentaient aussi une spécificité : la lâcheté. Car aucun des enragés qui étaient venus nous harceler jusque devant notre porte n'aurait été capable de s'en prendre à nous physiquement – c'était en tout cas mon avis. Cette espèce de crétins est tout à fait identifiée : elle agit en meute. Les crimes les plus ignobles sont souvent commis de cette manière, dans la mesure où ils ne nécessitent pas un engagement franc et total de la part de leurs auteurs : seul un semblant de participation permet de jouir de la haine, sans investissement préalable.

J'avais presque plus de respect pour le vrai criminel, le vrai bandit qui manigance son affaire, la prépare soigneusement puis l'exécute avec un certain honneur, ou tout du moins un peu d'audace. Alors que la meute, elle, comme le sable, est constituée de grains aussi multiples qu'indétectables ; elle agit sans courage aucun, sans dignité, et se délecte de l'anonymat, enfoncée dans son inavouable jalousie. Les trolls d'internet avaient inventé cette manière de faire, puis le monde réel en avait considérablement étendu le périmètre. C'était un trait saillant de l'époque.

Depuis quelques jours, Iris avait développé ce qui ressemblait à du psoriasis, sous forme de larges plaques rouges dans le dos, sur les fesses et sur les jambes. Je savais qu'il y avait souvent des facteurs génétiques ou environnementaux à l'apparition de cette maladie, mais les montées de stress pouvaient favoriser la première poussée.

Iris s'était mise à hurler un matin, lorsqu'elle avait découvert l'ampleur du phénomène qui tapissait son corps. Elle se souvenait que plusieurs personnes de sa famille avaient développé des formes de cette maladie mais elle espérait ne jamais devoir la subir.

C'est dans ce contexte qu'elle commença à faire des crises d'angoisse presque chaque nuit. Ce n'était pas le psoriasis en lui-même qui la mettait dans de tels états, mais plutôt la situation d'ensemble : la pression extérieure constante, la sensation d'être observée et l'enfermement contraint. J'essayais tant bien que mal de la calmer en lui appliquant des gants imbibés d'eau froide sur le visage, et parfois aussi, je lui faisais la lecture – de récits fantastiques, de temps en temps, et tout ce qui permettait de la propulser dans un imaginaire à la fois fort et englobant. Ainsi, elle arrivait à tenir et s'endormait peu à peu, souvent vers les trois heures du matin.

Au bout d'une huitaine de jours, alors que les plaques donnaient l'impression d'avoir atteint leur maturité, Iris se calma. Le problème n'avait pas pour autant disparu, mais sa simple stabilisation lui permettait de s'y habituer et, comme on dit souvent dans ce genre de cas, de « vivre avec ». Elle faisait preuve d'une force admirable, d'autant plus pour une personne comme elle qui connaissait ses qualités physiques, et leur effet sur les autres.

C'est dans ce contexte qu'un matin, après avoir lu un long article sur le psoriasis qui précisait qu'un moindre stress pouvait favoriser la disparition de la maladie, elle me demanda de ne plus jamais lui en parler : « Si je ressasse le truc dans tous les sens sans arrêt, ça partira jamais, alors maintenant, lâche-moi avec ça, je ne veux plus de ta gentillesse, pardon de le dire comme ça. Traite-moi normalement, comme si j'avais jamais attrapé cette merde. C'est le meilleur service que tu puisses me rendre. »

Elle n'avait pas voulu consulter, elle avait établi son diagnostic exclusivement via internet, par comparaison de clichés et discussions sur des forums. J'avais insisté pour qu'elle prenne rendez-vous chez un médecin de Cherbourg, ne serait-ce que pour confirmer son analyse et se faire prescrire un éventuel traitement, mais Iris était catégorique : « Google a plus de données compilées que n'importe quel médecin de campagne. » La capitale de la

Manche n'était pas exactement la « campagne », mais d'une certaine façon, elle avait raison. Elle avait en quelque sorte mené sa propre téléconsultation grâce à des informations et des médecins virtuels. Ses plaques, en revanche, n'avaient rien de numérique.

« David, t'as remis de l'eau dans les poulaillers ?

– Ouais bien sûr, je vérifie chaque jour s'il y en a assez, pourquoi ?

– Je sais pas, l'autre fois j'ai remarqué que c'était vide, j'me suis même demandé s'il y avait pas une fuite.

– Ah bon ? J'ai pas remarqué, je t'avoue, tu veux dire sur le réservoir de… »

On fut surpris par un grand cri, qui venait de l'extérieur.

« Putain, c'est pas possible ! s'écria-t-elle.

– Quoi ? Tu penses que c'est encore…

– Mais évidemment que c'est ça ! T'en connais d'autres, des barjos qui hurlent comme ça ? »

Après plusieurs jours d'absence, le groupe de manifestants était revenu stationner devant le portail de la maison avec les pancartes habituelles, plus des nouvelles comme « CHASSEZ-LES AVANT QU'ON LES CHASSE ! » ou encore « LA GRANDE VERMINE »…

« Faut vraiment filmer ça et l'envoyer aux flics, c'est de la menace explicite ! dis-je en sortant mon téléphone de ma poche.

– Attends deux secondes. »

Iris monta à l'étage et redescendit quelques instants plus tard. Vêtue d'un maillot de bain noir.

« Mais qu'est-ce que tu fais ? Ça va se retourner contre toi ! Ils seront capables de le publier sur les réseaux !

– Ah ouais, tu crois ? Bah c'est parfait. »

Elle sortit d'un pas déterminé et se dirigea vers le groupe. La voyant arriver, l'intensité des cris diminua quasi instantanément. Par précaution, j'étais resté quelques mètres en arrière pour pouvoir intervenir rapidement.

« Ah, vous avez vu ! La sorcière a été châtiée pour ce qu'elle a fait ! lança un type.

– Ta gueule, vous voyez pas qu'elle a une maladie, faut pas rire de ça », rétorqua une femme.

Iris se positionna stratégiquement bien au centre, à seulement deux ou trois mètres du portail. Face à la meute.

« Regardez-moi ! » s'écria-t-elle d'une voix glaçante.

Le silence devint total.

« Vous voyez ? Regardez bien ! Observez bien. Prenez vos téléphones, vos caméras, vos tablettes, zoomez, dézoomez, enregistrez. Manipulez tout dans tous les sens, si ça vous plaît. Je n'ai rien à cacher ! »

La décision de suspendre le projet du nouveau parc éolien au large de Cherbourg tomba comme un coup de massue. Des emplois étaient indirectement menacés, et dans un contexte de flambée du chômage au niveau national, tout impact négatif sur le stock de travail disponible créait un véritable cataclysme dans l'opinion publique. L'annonce avait été relayée dans la presse, qui avait rappelé l'importance du risque de contamination aux terres rares en présence d'une double exposition aux champs électromagnétiques. Les éoliennes offshore ne présentaient pourtant aucun problème de ce point de vue du fait de leur éloignement des côtes, mais c'est toute la réputation de la filière qui avait pâti du trouble causé par les morts suspectes de vaches et, surtout, les cancers pédiatriques.

Alex, qui venait d'apprendre la nouvelle, nous avait appelés de l'hôpital de Caen. Loin de se féliciter de la situation, il fustigeait la décision de suspension qui n'avait aucun rapport avec la pollution qu'on subissait effectivement à Ruffosses. « Ils rejettent toutes nos demandes pendant des mois, puis ils s'attaquent à ce qui ne pose pas de problème ! C'est des irresponsables ! Jamais on n'a demandé un truc pareil ! »

Iris trouvait également absurde la décision des autorités tout en se réjouissant de la formidable couverture médiatique que l'événement avait permis de susciter, en particulier dans la presse nationale. « Ils y vont pour de mauvaises raisons, c'est clair, mais au moins, ça fait parler du dossier. Enfin ! »

Elle s'était beaucoup mouillée depuis l'origine en multipliant les vidéos polémiques qui auraient pu à tout moment mettre sa notoriété en péril. Mais elle avait tenu bon jusqu'au bout, tant et si bien que son nom et sa chaîne YouTube avaient été mentionnés dans certains journaux. Si elle n'était pas encore reconnue comme une véritable lanceuse d'alerte, du fait notamment que l'affaire avait été évoquée antérieurement à ses interventions, son rôle précieux d'influenceuse avait toutefois été plusieurs fois salué.

À Ruffosses, c'était une tout autre histoire. Les discours conspirationnistes à son égard n'avaient fait que s'amplifier, et régulièrement, le petit groupe de manifestants qui étaient plusieurs fois venus parader devant la maison établissait maintenant des sit-in. Leur nombre restait peu important, et personne n'avait osé publier de photos d'Iris exposant son psoriasis, mais à chaque fois, la police venait déloger la meute. Leur présence constituait aux yeux de la loi une manifestation illégale, voire un trouble à l'ordre public. Ce n'était cependant jamais nous qui appelions les flics.

Les slogans des excités devenaient chaque jour plus invraisemblables, certains nous accusant d'être des « parasites », d'autres d'être les « complices du nouvel ordre mondial », d'autres encore de vouloir instaurer le « fascisme » en France. C'était à croire qu'il ne s'était jamais rien passé, à Ruffosses et ailleurs, et que nous avions tout inventé : les contaminations, la chute du système immunitaire des animaux, les cancers, les décès. Apparemment, rien de tout cela n'avait eu lieu.

Mais le lynchage concernait surtout Iris, qui se voyait caricaturée en Angela Merkel, en Brigitte Macron ou même en Kamala Harris, la colistière de Joe Biden à l'élection présidentielle américaine. Il faut dire qu'Iris était métisse, et ses origines eurasiennes lui donnaient une vague ressemblance avec la femme politique, avec quelques décennies en moins. La comparaison ne mangeait pas de pain.

Sur internet, c'était l'effroi. Les trolls s'étaient tellement multipliés pour pourrir sa chaîne YouTube qu'elle avait dû, pour la première fois, fermer la section Commentaires – même si elle recevait également de nombreux témoignages de soutien de la part de ses fans ou d'inconnus. On l'accusait de détruire l'économie de la région.

Iris gardait néanmoins la tête froide, et son calme olympien avait de quoi m'impressionner : « C'est des crachats, ça m'atteint pas » ; « J'ai rien à voir avec leur idée de suspension, je reste droite dans mes bottes. » Elle continuait à prendre la parole, en particulier sur Instagram, pour donner des nouvelles à ses abonnés – sans prendre le soin de cacher les plaques de psoriasis sur ses bras, qu'elle assumait totalement. Mais là aussi, elle avait dû désactiver les commentaires. Elle savait néanmoins que parmi ceux qui la suivaient, il y avait aussi beaucoup d'admirateurs, ce qui la rassurait quelque peu.

Elle avait saisi l'occasion pour évoquer la polémique avec le magazine parisien qui l'avait contactée quelques semaines auparavant. Jusqu'à présent, la presse s'était bornée à traiter le sujet des terres rares, et si le nom d'Iris apparaissait de temps à autre, le lynchage et les menaces de mort n'avaient jamais été précisés. Il s'agissait encore, pour le grand public, de faits divers, même s'ils entouraient un dossier lui-même d'une haute importance.

Les détails de ce que nous vivions avaient convaincu le rédacteur en chef qui voyait là l'occasion unique de faire émerger Iris en tant que youtubeuse et, au-delà, en tant que personnalité publique. Les risques qu'elle avait pris étaient tout à fait réels, autant que les menaces et intimidations diverses qu'elle subissait. Il n'y avait pas encore une série Netflix à faire, mais on n'en était pas loin.

L'enjeu était de taille pour elle, mais également pour moi. Elle considérait désormais que nous formions une équipe et, dans la mesure où je continuais à l'assister dans ses productions, elle comptait me donner un fort pourcentage sur le deal avec le magazine. « Tu m'as jamais lâchée, tu le mérites. » Pour le coup, je n'eus pas à négocier quoi que ce soit. En guise de remerciement pour services rendus, elle comptait me donner 50 % sur la transaction, à titre exceptionnel. Cela pouvait constituer une somme rondelette, moi qui n'avais plus aucun autre projet professionnel. En vivant à la campagne, l'opération pouvait me mettre à l'abri pendant au moins un an. Je n'allais pas faire la fine bouche.

« Tu sais quand revient Alex ? me demanda Iris, alors que je me brossais les dents.

– Hm ? Attends… hm… » J'avais plein de dentifrice dans la bouche. « Non, je sais pas du tout, repris-je.

– Parce que ça va faire un certain temps, quand même, maintenant.

– Ah ouais, j'te cache pas que plus les jours passent, plus je suis inquiet. »

Je me tenais debout face au miroir, avec ma serviette qui tenait difficilement autour de la taille.

« Mais ça marche comment, ce foutu protocole ?

– Bah… écoute, c'est difficile à dire, il semblerait qu'il y ait encore de l'espoir. C'est un nouveau traitement américain et, combiné avec la radiothérapie, les effets sont plutôt positifs. Ils croisent les doigts.

– Mais c'est une question de semaines, j'imagine, ou de jours ?

– J'espère plus que ça, quand même ! Pauvre homme ! Il a même pas soixante ans, en fait, j'pense qu'ils font tout pour essayer de lui faire gagner deux, peut-être cinq ans, et d'ici là, y aura peut-être un traitement… »

Je n'arrivais pas à savoir si elle s'intéressait vraiment à l'état de Jérôme ou si elle me demandait tout ça par pure curiosité. Elle ne montrait aucune empathie, de façon générale, sauf avec les animaux, parfois. Peut-être était-elle gênée par la chose elle-même, cette maladie aussi énigmatique que terrifiante qu'on appelait cancer.

Le Covid avait pourtant considérablement modifié notre rapport à la mort, et par conséquent, à la vie. Autrefois, c'était presque toujours ce terme odieux – le cancer – qui symbolisait notre idée de la fin de l'existence. Désormais, c'était au Covid que l'on attribuait ce triste privilège, même si, fort heureusement, beaucoup de malades en réchappaient. Mais l'humanité n'avait jamais vécu une telle situation dans un monde massivement médiatisé, où les disparus ne constituaient pas seulement des chiffres et des statistiques, mais des réalités visuelles et sonores. En quelques mois, la mort avait tout envahi à travers une myriade de manifestations : les lits d'hôpital, les brancards, les masques à oxygène, les couvertures de survie, les morgues, les urnes et les cimetières, quand ce n'était pas les fosses communes.

Tout d'un coup, internet et les réseaux sociaux, qui jusqu'alors proposaient pour une grande partie des sketchs, du porno et des vidéos de chats, avaient laissé place à l'empire du noir, du sombre et du très sombre. On avait beau zapper, changer de plateforme, créer de nouveaux comptes pour ne plus qu'on nous suggère les mêmes contenus, la mort sous toutes ses formes réapparaissait, y compris lorsqu'on avait éteint tous les écrans et que, en sortant les poubelles, on croisait un voisin qui nous parlait encore et toujours du même sujet.

Dès lors, tout, absolument tout, était interprété à l'aune de ce phénomène total : l'ordinaire angoisse du lendemain devenait une peur de la mort, le chômage partiel devenait une peur de la mort, la moindre sortie, le moindre arrêt de bus, le moindre échange avec un autre humain se transformait en une peur, une crainte immédiate de la mort.

Ce phénomène biologico-mental avait tendance à rendre les gens fous. On percevait un changement d'ordre quasi anthropologique qui développait non seulement l'agressivité mais également les tocs, les anxiétés, les dépressions, bien sûr, et toutes sortes de dégradations du comportement. Certains parlaient d'ensauvagement, j'y voyais pour ma part tout autre chose : une sorte de pulsion vitale particulièrement mal gérée, qui s'exprimait parfois en d'abominables réactions.

Ce mal, je le sentais aussi en moi. Dans ce contexte, la maladie de Jérôme, tout aussi tétanisante, sinon plus, que l'infection du Covid, avait presque des vertus calmantes, tant elle était « normale », car elle avait le mérite, cette saloperie, d'appartenir à l'ancien monde. C'était d'ailleurs cette mort globale, celle de l'ancien monde, que nous pleurions plus que toutes les autres.

Iris avait fait une nouvelle poussée de psoriasis. Pour qu'elle oublie un instant sa maladie, nous avions décidé de retourner au casino. Il s'agissait aussi – et surtout – de fuir l'atmosphère angoissante qui rôdait dans tout le village.

Cherbourg se situait à vingt minutes à peine de voiture et un assez grand nombre de personnes empruntaient la nationale, qui passait à environ deux kilomètres de la ferme, pour s'y rendre. Nous n'avions pas d'autre choix que de faire le chemin en stop.

Nous descendîmes la route qui menait vers la mer pour rejoindre l'axe principal. Iris avait préparé une petite pancarte « Centre-ville » avec un morceau de carton.

Les bagnoles et les camions roulaient, inlassablement, mais personne ne nous donnait notre chance. Après réflexion, je me dis qu'une partie des véhicules appartenaient probablement aux gens de Ruffosses ou des bleds alentour, qui nous vouaient, pour certains d'entre eux en tout cas, une haine profonde. Mais il y avait sans doute aussi des gens de Valognes, une ville plus importante où il devait bien exister des personnes bienveillantes, ou simplement qui ignoraient qui nous étions. Grâce au ciel, le monde entier ne se passionnait pas pour les faits divers et les chaînes YouTube.

« Bon, encore cinq minutes et on repart, j'en ai marre d'attendre. On a l'air de deux clochards, sérieux. »

À peine trente secondes plus tard, une Clio grise s'arrêta. C'était un A. « Salut les gars ! Vous… » La fille toussa. « Pardon. Salut ! Vous allez à Cherbourg ? Parfait. Montez ! »

Nous passâmes tout l'après-midi au casino. L'ambiance du lieu nous avait tout de suite changé les idées et Iris se sentait dans son élément, là-bas. J'ignorais si c'était à cause de la dimension de jeu ou en raison des gains potentiels à la clé, mais je ne la voyais jamais aussi enthousiaste que devant une roulette ou une machine à sous.

« Tu vas voir qui c'est la patronne ! », disait-elle avant de commencer une partie, comme si la bille allait lui répondre. Sa joie était communicative, et j'avais tiré soixante euros pour pouvoir tenir plusieurs heures – à condition de respecter un rythme de jeu assez lent. De toute façon, l'accord avec le magazine allait bientôt, à défaut de nous rendre riches, mettre du beurre dans les épinards. Alors nous y allions franchement. Moi aussi, j'aimais l'argent, étant donné que j'en manquais.

Malgré notre énergie, les résultats de la journée furent bien maigres et à dix-huit heures, nous n'avions plus rien. « C'est pas le bon karma, putain ! » avait lancé Iris en perdant ses derniers euros.

Nous avions pourtant tout essayé : le blackjack, le poker,

les machines à sous, la roulette… La fameuse stratégie constellatoire n'avait pas davantage aidé, elle avait même très nettement contribué à nous enfoncer. Nous avions tout perdu.

En me rappelant nos deux passages précédents au casino, qui s'étaient soldés par des gains pour l'un ou l'autre d'entre nous, je crus un instant que nous étions frappés par une sorte de poisse, un malheur plus général qui venait s'abattre jusque sur nos jeux et nos malignes stratégies. En y réfléchissant, je me rendis compte de mon erreur : en fait non, tout était normal. Le pire était toujours certain ; la chance, la joie, ou même la satisfaction la plus ordinaire, c'était l'exception. Comment avais-je pu l'oublier ?

Pour autant, on ne se laissa pas abattre. Pour « fêter notre échec » – Iris employait souvent cette expression –, nous commandâmes deux gin tonics, et une grosse part de cheesecake chacun. Iris avait cette faculté appréciable de pouvoir passer du coq à l'âne et de changer d'humeur en un battement de paupières. C'est sans doute pour ça que je l'aimais. Elle ne mettait jamais un genou à terre.

À moitié éméchés, nous discutâmes longuement au bar du casino du deal pour le magazine. Elle en espérait beaucoup – bien trop, à mon avis – et échangeait sur WhatsApp avec le rédac'-chef, qui commençait à préciser les conditions de la parution. Un shooting allait être organisé à Paris pour la partie visuelle. Il était par ailleurs toujours question qu'Iris fasse la une, mais la décision devait encore être confirmée. Quoi qu'il en soit, un dossier lui serait en principe consacré, qui reviendrait, « à parts égales », tant sur sa carrière de youtubeuse que sur l'affaire des terres rares.

D'un point de vue éditorial, il s'agissait d'un exercice d'équilibriste très scabreux dans la mesure où l'objectif était de mettre en avant une personnalité qui assumait une approche mainstream, voire carrément bling bling, tout en dénonçant un scandale environnemental. J'ignorais quel type d'audience était susceptible de tomber dans le panneau. Il était également prévu de revenir sur le sexisme ignoble dont Iris avait été l'objet durant les différentes manifestations des « anti-alerte », qui constituaient une variété particulière mais fortement nuisible de rassuristes.

Iris se voyait déjà en haut de l'affiche ; en tout cas, elle s'imaginait en mesure de pouvoir réellement vivre de son activité, ce qui était déjà en soi une vraie victoire. L'aspect ironique de la situation, c'est qu'au moment même où elle s'apprêtait à conquérir Paris, elle n'arrêtait pas de me dire qu'elle ne voulait plus jamais remettre les pieds dans la capitale. « C'est trop violent là-bas, depuis le Covid. »

Elle s'appuyait notamment sur l'exemple de New York qui, depuis quelques mois, était en train de perdre ses habitants. L'épidémie avait été tellement brutale, tant sur le plan sanitaire qu'au niveau économique, que les gens avaient littéralement fui. Iris s'attendait, sans doute à juste titre, à ce que Paris finisse de la même manière.

« Il faut construire autre chose ailleurs. On est malade dans ces grandes villes. Sur tous les registres. On bouffe mal, on dort mal, on se loge mal, on vieillit mal. Ici, c'est pas non plus l'eldorado, mais j'ai la sensation que les problèmes sont tous d'une ampleur plus petite, me dit-elle en terminant son deuxième gin to'. D'ailleurs… hem… » Elle toussa. « La distinction ville-campagne, ça n'a plus de sens, à mon avis, avec le… hem… avec le télétravail… ah, excuse-moi, j'ai un foutu chat dans la gorge ! »

Nous finîmes par nous faire virer du casino qui, bien que n'ayant pas la réputation de celui de Deauville ou de Cabourg, tenait quand même à préserver son rang en tant qu'établissement snob. C'était tout ce qu'il lui restait.

Iris titubait et s'accrochait à moi comme à une bouée de sauvetage. « Comment on va faire pour rentrer, avec ça… »

Lorsqu'il se mit à pleuvoir, nous décidâmes de nous diriger vers la piscine de Collignon, où il y avait des endroits pour s'abriter. Mais c'était à une bonne dizaine de minutes de marche, autrement dit une éternité compte tenu de notre état d'ébriété avancée.

Iris se mit à courir, les yeux embués par la pluie, ou peut-être était-ce à cause des larmes, car je la sentais vraiment à bout. Je m'arrêtai un instant sur le côté pour la regarder.

« Mais pourquoi tu t'arrêtes, putain, j'ai besoin de toi, viens que je m'accroche à ton dos ! On voit rien dans ce ghetto ! »

Elle était belle toute trempée, avec son maquillage qui avait coulé et ses fringues dégueulassées par les nombreuses chutes qu'elle avait faites depuis qu'on avait quitté le casino.

Devant son insistance, je repris ma course. Elle me suivait de près. On courait. On courait même vite, et

Collignon ne se trouvait plus qu'à deux ou trois minutes de nous à cette vitesse. Sauf qu'on ignorait totalement, elle et moi, vers quoi on courait. Au-delà de notre minable échec au casino, et du torrent qu'on se prenait sur la gueule, il y avait surtout un immense vide de sens.

Jérôme était mort. Son état s'était violemment aggravé lorsque Alex avait annoncé la disparition de ses toutes dernières bêtes. Virginie en avait même voulu à son fils qui, selon elle, eût mieux fait de ne pas mentionner l'événement.

L'enterrement se déroula quelques jours plus tard, à Valognes, en présence de la famille proche. Iris et moi fûmes conviés, bien que la situation me mît légèrement mal à l'aise. J'avais l'odieuse impression qu'on avait comme profité non pas de sa maladie mais du phénomène de pollution lui-même, à l'origine du drame, en en faisant une marque de fabrique orientée vers notre intérêt.

J'avais gagné encore assez peu d'argent avec tout ça, et nous avions concouru, à notre niveau, à dénoncer la situation injuste qui était celle de Jérôme ; sauf qu'il y avait un hic : nous avions eu fort intérêt à ce que la polémique prospère pour enregistrer plus de vues, plus de likes, lesquels avaient progressivement construit notre valeur numérique. Alors je me sentis quelque peu honteux, lorsque je jetai une rose sur le cercueil. À ce moment précis, j'eus même l'étrange impression que Jérôme me regardait à travers les planches de bois.

J'en avais discuté avec Iris qui avait sans surprise une approche plus pragmatique de la situation ; elle admettait que nous avions d'une certaine façon prospéré grâce au problème des terres rares, mais elle précisait qu'il existait bien antérieurement à notre arrivée. Nous nous étions donc contentés, toujours selon elle, de buzzer autour d'un scandale qui n'attendait qu'une seule chose : être révélé à tous.

Malgré tout, la mort de Jérôme ne nous porta pas chance. Quelques semaines seulement après son enterrement, le gouvernement décida, en raison de l'arrivée d'une deuxième vague de Covid, un nouveau confinement, prévu pour entrer en vigueur dès le 30 octobre 2020.

L'événement suscita un tel émoi dans la population, que le magazine avec lequel nous devions collaborer changea brutalement son fusil d'épaule. Au dernier moment, alors qu'Iris s'apprêtait à rejoindre Paris pour le shooting prévu de longue date, le rédac'-chef considéra que tout le numéro devait être repensé, du fait d'un « changement global dans les préoccupations des Français ». En présence d'un tel contexte, le « scandale » des terres rares avait été vite relégué au second plan, et sa couverture médiatique reportée sine die.

À l'annonce de l'annulation, Iris avait explosé en larmes. Cela m'avait affecté aussi, j'avais loupé une occasion de gagner des sous et mes espoirs de reconversion professionnelle étaient anéantis. Il y avait toujours les partenariats et les promotions divers sur la chaîne YouTube qu'Iris continuait à alimenter, mais j'avais comme perdu la foi.

Je me retrouvais au point de départ, sans but ni objectif précis, dans un état proche de la neurasthénie. La perspective du deuxième confinement m'avait littéralement scié les jambes, je n'étais pas du tout sûr de pouvoir tenir le coup sur la durée. L'angoisse s'installait dans tout mon corps, au fur et à mesure que la pandémie envahissait le globe. C'était une redoutable course de fond pour tous les paumés et les laissés-pour-compte du système. Cela en faisait un paquet à ramasser.

Malgré tout, la situation nous avait confortés dans notre souhait, à Iris et moi, de déménager en province. Le deuxième confinement ayant été soudain, nous n'avions pas encore eu le temps de réaliser toutes les démarches de transfert de courrier et de déplacement de nos meubles respectifs. Mais notre nouveau départ était lancé, au moins dans notre tête. Paris nous paraissait déjà être un lointain souvenir.

Après l'enterrement de son mari, Virginie nous avait proposé de rester. Elle avait bien sûr suivi notre périple à distance, qui l'avait beaucoup émue, et surtout, elle avait compris l'importance des liens qui nous unissaient désormais à Alex.

Nous restâmes quelques semaines encore à la ferme pour mener quelques petits travaux et mettre de l'ordre dans la grange, qui était restée plus ou moins en friche. Puis nous décidâmes de rejoindre l'appartement vacant dont Alex nous avait parlé, à Cherbourg même, dans une zone HLM.

Virginie ne souhaitait pas rester à Ruffosses, ce lieu qui, selon elle, « empestait la mort ». Alex abondait dans son sens, et la ferme devait être vendue au voisin dans un court délai. Celui-ci avait récupéré la charge de l'entretien de la basse-cour et continuait à se battre contre la maladie de ses propres bovins. En la matière, nous avions déjà tout donné.

C'est ainsi qu'un après-midi d'octobre, peu avant le nouveau confinement, et alors que le vent et le mauvais temps commençaient à envahir toute la région, nous quittâmes la ferme, le ventre noué. Malgré les difficultés, j'avais passé des moments fantastiques dans cet endroit. Les barbecues avec mes deux compères, les parties de badminton et de Scrabble, les douches, les bains, plus ou moins érotiques, les danses, souvent alcoolisées, avec Dorian qui se mettait sur ses pattes arrière, les moments d'extase devant les lapins et les volailles à penser à l'avenir ou simplement au fait d'être vivant, et les repas, simples, complexes ou carrément pharaoniques, qui m'avaient donné envie, parmi mille autres choses, de m'installer dans la région. Il n'y avait rien d'autre à chercher que le plaisir dans l'existence terrestre. Le plaisir, et encore le plaisir. Tout le reste était vain.

L'appartement dans lequel nous nous étions installés était des plus modestes en apparence ; il s'insérait dans un HLM au crépi d'un autre temps, situé tout à fait à l'extrémité de la ville – dans ce qui constituait une sorte de banlieue. L'environnement immédiat n'avait rien de particulièrement engageant – absence de commerces de proximité, éloignement de la mer, sécurité plus que moyenne –, mais le logement disposait de trois chambres. C'était bien assez pour nous donner envie de rester, d'autant que le loyer, dérisoire, se trouvait divisé en trois – Alex et sa mère, Iris et moi-même. Dans le contexte économique très trouble que nous vivions, ce détail n'en était pas un.

Iris avait rendu son appartement d'Issy-les-Moulineaux et j'avais de mon côté cédé mon studio en un temps assez bref – les petites surfaces étant toujours particulièrement recherchées à Paris, même à côté du périphérique. J'avais cependant récolté une somme proche du néant après la transaction, ayant dû à la fois solder le crédit qui m'avait permis de faire l'acquisition, payer les frais de remboursement anticipé à la banque, ainsi que les dettes à la consommation que j'avais par ailleurs contractées au fil des ans. Après imputation de l'ensemble des postes, je pouvais tabler sur quinze mille euros à peine, avant impôt. De quoi tenir un an, voire deux, en mangeant beaucoup de patates.

Entre-temps, Alex avait repris ses études en distanciel, et Iris, qui se concentrait toujours sur sa chaîne YouTube, avait demandé à sa fac de faire une année de césure, ce qui avait été accepté. Son psoriasis avait par ailleurs presque totalement disparu, depuis qu'elle avait fait une croix définitive sur la vie parisienne.

De son côté, Virginie avait repris son boulot de prof. Si les mesures sanitaires qui persistaient avaient grandement chamboulé sa manière de travailler, elle aimait son métier, et depuis que son mari avait disparu, c'était devenu un point d'ancrage encore plus essentiel qu'auparavant, qui lui donnait la force de continuer.

Nous vivions ainsi tous les quatre dans l'appartement, selon une configuration nouvelle pour nous tous. Certes, deux d'entre nous étaient des gens du cru et connaissaient

Cherbourg comme leur poche, ce qui constituait un avantage. Mais nous avions tous tout à reconstruire : pour Virginie, il s'agissait de se réinventer une raison de vivre ; Iris devait affirmer un projet professionnel ambitieux mais plus que difficile ; Alex allait être bientôt confronté au marché du travail dans un secteur qui avait été désintégré par le Covid ; et moi, en dehors de l'assistance ponctuelle que je continuais à apporter à la chaîne YouTube, je ne savais que faire.

Ainsi commença pour nous un nouveau chemin, encore bien incertain. La crise avait fait sauter toutes les conventions et tous les repères connus. Étrangement, cela semblait nous convenir.

Acte III

La survie

Automne 2023. Nous venions de sortir d'un sixième confinement. Le Covid-19 avait muté et, malgré les vaccins qui avaient permis une importante diminution des cas et des décès, on observait encore une circulation active du virus, en même temps que d'autres maladies se développaient. Le phénomène variait selon les pays et les régions, et aussi selon les saisons, mais on constatait régulièrement des pics de contamination dus à diverses affections plus ou moins bien connues, qui obligeaient les gouvernements à réduire drastiquement les contacts sociaux. Il n'existait souvent pas d'autre solution que la séquestration.

La première pandémie – celle de début 2020 – avait durablement impacté les politiques publiques, et la vie quotidienne ne ressemblait plus à ce qu'elle avait été jusqu'alors, en dehors de périodes très exceptionnelles. Les libertés fondamentales étaient maintenues dans leur principe, et nous avions toujours le droit de nous déplacer, de travailler, de rencontrer de nouvelles personnes, mais tout se faisait selon un cahier des charges strict. Au-delà du masque, qui était recommandé quoique pas toujours obligatoire à l'extérieur, c'est la manière de concevoir son existence qui avait été entièrement revue.

Les études supérieures se déroulaient désormais en grande partie à distance, via des plateformes – même si l'enseignement secondaire se faisait toujours en présentiel pour l'essentiel –, une bonne moitié des emplois fonctionnaient avec du télétravail, partiel ou total ; les commerces devaient tous respecter des règles sanitaires compliquées, et ce en permanence, sous peine d'être fermés temporairement par le préfet ; les réunions privées avaient presque disparu, non à cause d'une interdiction légale mais en raison du changement des habitudes de la population, devenue plus méfiante ; les relations amicales en général avaient également beaucoup décru, et en dehors des cercles estudiantins, il devenait bien plus rare de nouer des amitiés, et même lorsque c'était le cas, on avait un mal fou à les conserver ; quant à l'amour et au sexe, ils avaient été tellement bouleversés par le contexte que certains avaient des rapports « charnels » exclusivement à distance, via webcam. C'était un monde régi par la prudence et le principe de précaution.

Je vivais pour ma part plutôt bien cette nouvelle donne qui, malgré une recrudescence pénible de la crainte et de la suspicion dans les relations humaines, restait supportable. Mieux, j'avais l'impression que le paradigme post-pandémie avait encouragé une forme d'introspection bénéfique dans toute la population. Chacun réfléchissait davantage avant d'agir. L'impact environnemental de notre consommation intéressait beaucoup les gens, autant que les effets sociaux du travail, par exemple, ou des comportements en général. Les entreprises aux pratiques douteuses se faisaient régulièrement épingler dans la presse, les conflits d'intérêts étaient davantage scrutés par les médias indépendants, notamment sur internet, et les politiciens, même les plus médiocres et je-m'en-foutistes d'entre eux, devaient se soumettre à des niveaux de standard élevés. Ou alors, ils se faisaient vite éjecter de la scène.

Pour d'autres, cette nouvelle société, qui avait tendance à faire naître une nouvelle civilisation, était devenue intolérable. Certains pointaient du doigt les régressions substantielles de libertés, fussent-elles justifiées par un contexte sanitaire difficile ; on dénonçait aussi un développement assez net des états dépressifs et des suicides dus à la solitude ; le monde de la culture déplorait la quasi-disparition de pans entiers de son économie, à commencer par les théâtres et les cinémas ; et de façon plus globale, le caractère impersonnel du modèle de la plateforme, GAFA ou non, était considéré comme un puissant facteur de déshumanisation.

À la maison, les avis étaient partagés. Virginie, qui était d'une autre génération, supportait très mal son nouveau statut de « prof à distance » ; Alex s'était spécialisé en « marketing digital » dans le cadre de sa formation et se passionnait pour le modèle économique de Google ; quant à Iris, qui postait moins souvent qu'auparavant sur sa chaîne YouTube, elle avait lancé une marque d'événementiel « green », Nat'Event, qui proposait des sortes de jeux sociaux axés sur la collecte des déchets. De mon côté, je vendais des cours en ligne destinés à des femmes et des hommes qui s'étaient fait larguer et qui souhaitaient reconquérir leur ex. J'avais découvert le créneau par hasard en cherchant une niche originale et pas trop concurrentielle pour me lancer sur internet. Ce créneau s'avérait plutôt porteur. De toute façon, il fallait bien bouffer. Alors je ne me posais pas trop de questions.

Notre action en faveur des agriculteurs et de la dénonciation du scandale des terres rares avait produit des effets. Désormais, toute installation de ligne à haute tension ou d'éolienne était soumise à de nouvelles contraintes pour évaluer leur dangerosité spécifique en cas de double exposition à certains métaux. Les robots de traite eux aussi subissaient davantage de contrôles, et de façon plus large, le secteur des énergies renouvelables était sujet à des vérifications très strictes et plus régulières. Les victimes de cancers pédiatriques n'avaient cependant toujours pas reçu d'indemnisation. Un procès était en cours.

Un bon nombre de Français avaient quitté les grandes villes ou s'en étaient éloignés. Les loyers avaient massivement chuté dans la capitale, désormais, leur niveau atteignait ceux d'Aix-en-Provence, par exemple, qui avait d'ailleurs attiré des dizaines de milliers d'arrivants. Les problèmes de congestion urbaine se présentaient dès lors dans des lieux qui en étaient autrefois préservés, ce qui occasionnait la colère des autochtones.

À Paris, les investissements massifs réalisés depuis plusieurs décennies dans de nouvelles lignes de métro étaient devenus des sources d'embarras pour un nombre croissant d'élus. Car avec l'exode urbain, relatif mais continu, même l'inénarrable ligne 13 ne présentait plus de problèmes de saturation, y compris à l'heure de pointe. La ville Lumière restait pourtant belle et désirée, notamment par les touristes qui étaient progressivement revenus la visiter, mais de moins en moins de personnes y séjournaient à l'année. La capitale ressemblait à une espèce de gigantesque aéroport, où les gens se croisaient, se bousculaient et se pressaient, mais sans jamais poser leurs valises.

Vu de Normandie, le tableau me faisait jubiler. La dimension qui m'avait sans doute le plus amusé, c'était la ruine des spéculateurs immobiliers, qui avaient parfois racheté des rues entières pour les revendre à prix d'or et qui s'étaient pris la tempête en pleine gueule. On avait encore le droit de rigoler.

Les rapports entre nous quatre étaient plutôt bons. L'alchimie n'avait pas pris d'emblée : Virginie avait parfois un rire bête qui me donnait envie de me tirer – quand ce n'était pas Alex qui me faisait chier avec ses gouttes d'eau autour de la baignoire, ou Iris qui me donnait des leçons de morale au sujet du tri sélectif. Mais globalement, ça marchait, et si nous ne nous voyions pas maintenir une telle configuration pendant des années, le contexte toujours incertain du pays avait tendance à nous conforter à notre place. On vivait assez bien, somme toute, et nous étions à l'abri du besoin.

La dimension économique de l'opération m'apparaissait comme centrale dans mon souhait de continuer, car jusqu'alors, je n'avais jamais été aussi à l'aise financièrement. J'étais toujours de condition modeste, mais je n'avais plus de crédit, plus de charges de syndic, plus de frais de transport, et au quotidien, nous divisions tout par trois (ou par quatre, selon l'accord entre Alex et sa mère). Le loyer ne nous coûtait presque rien, les impôts locaux revenaient à pas grand-chose, le poste nourriture bénéficiait également d'importantes économies d'échelle, et même s'il y avait des frais d'essence à supporter, on faisait beaucoup de choses à pied.

Étant une ville de taille modeste, Cherbourg permettait des déplacements rapides, y compris à vélo. J'en étais devenu un adepte, autant qu'Iris et Alex, et même sous la pluie, nous avions l'habitude de sillonner le coin assis sur nos selles. Pourtant, il faisait souvent froid dans la zone et les rafales de vent n'avaient rien d'agréable. Mais nous étions jeunes, en bonne santé et la mer se trouvait à seulement quelques coups de pédales de l'appartement. Cela me changeait du paysage du périphérique, avec ses pots d'échappement et ses camps délabrés où des humains essayaient tant bien que mal de repousser la mort.

Dès notre arrivée à l'appart, Iris avait coupé court à toute question de jalousie ou de compétition : elle s'affirmait désormais lesbienne. Je ne la croyais qu'à moitié dans la mesure où nous continuions, Alex et moi, d'entretenir des rapports charnels avec elle, de temps en temps. Mais cela se faisait plus rare, la présence de Virginie à nos côtés ayant en quelque sorte mis en dormance la question du sexe au sein du groupe. Notre degré de libido avait même massivement chuté. C'était au demeurant un phénomène courant dans tout le pays, ainsi que dans un nombre croissant de régions du monde.

J'étais resté en contact avec ma copine Marie-Hélène, qui travaillait toujours à L'Équipage. Sa situation s'était amplement stabilisée, elle fréquentait même un homme depuis quelques mois, avec qui elle avait de nombreux projets. Elle était devenue une petite star locale, le rôle qu'elle avait joué avec le recueil des témoignages liés au dossier des terres rares ayant été plusieurs fois souligné dans la presse locale. La palme était revenue à Iris, s'agissant du poids médiatique global de l'événement, mais Marie-Hélène était du cru et avait donc en quelque sorte sauvé l'honneur des Cherbourgeois dans un contexte brûlant.

Les négationnistes anti-alerte restaient actifs sur les réseaux sociaux – comme les anti-masques – et continuaient régulièrement à se moquer de notre action collective passée, mais les données scientifiques avaient au bout d'un moment calmé les esprits. Les risques étaient désormais confirmés, abondamment documentés, et certains avaient fait leur mea culpa en reconnaissant, après plus d'un an, qu'ils s'étaient trompés et qu'ils regrettaient de s'être acharnés sur Iris, à l'époque.

Notre arrivée à Cherbourg avait de toute façon réglé une grande partie du problème, la ville étant suffisamment vaste et dense pour qu'on ne subisse plus le flicage et la suspicion qui nous pourrissaient la vie à Ruffosses. Ce n'était pas exactement un anonymat – nous étions quelquefois reconnus dans les rues, en particulier dans le centre –, mais nous pouvions vivre tranquilles.

Malgré les nombreux changements qui avaient affecté notre quotidien, autant que celui de tous les Français et d'une large partie de l'humanité, la vie était plutôt douce dans ce coin de la Manche. Le climat était rigoureux – surtout pluvieux – et l'emploi, de plus en plus rare, surtout pour les jeunes, mais j'avais l'impression d'avoir trouvé un équilibre, mi-urbain, mi-rural, dans cette ville qui devenait progressivement la mienne.

Dans ces conditions, tout allait pour le mieux, et je me serais bien vu rester là pendant encore quelques années.

Iris venait de m'appeler sur mon portable, alors que je dormais encore. Je faisais des nuits bien plus longues qu'auparavant, étant donné qu'on perdait beaucoup moins de temps dans les déplacements.

Elle appela une seconde fois.

« Hem… hem… allô ?

– Ouais, désolée de te déranger, mais est-ce que tu pourrais me dire s'il y a une feuille avec mon planning dans ma chambre, s'il te plaît ? J'en ai besoin si je me fais contrôler.

– Euh… ouais, bien sûr… attends…

– Je veux bien que tu te dépêches, j'suis grave à la bourre, si faut que je repasse à l'appart, faut que je le sache maintenant ! L'appli officielle bugge.

– Oui, oui, attends, je vais voir… Alors… Où ça, dans ta chambre ?

– Mais j'en sais rien, justement, je sais pas où je l'ai mise, je la retrouve plus dans mon sac, j'ai juste l'attestation normale mais pas le document du taf pour prouver mon rendez-vous pro, tu sais…

– Oui oui, je vois, mais t'es sûre que t'en as besoin ? Si c'est dans le rayon de cinq kilomètres…

– Non, justement, c'est pas dans le rayon, du coup si j'me fais contrôler… hem… pardon, j'arrête pas de tousser… hem… si j'me fais contrôler, ils me demanderont en plus le justificatif de… Attends, c'est bon, je crois ! Il était plié dans ma poche, j'suis conne, désolée de t'avoir réveillé, à tout à l'heure ! »

Pour une fois, j'avais l'appartement pour moi tout seul. Virginie était en réunion pédagoque IRL (*in real life*) et Alex avait pris rendez-vous chez le coiffeur. Le rythme de mon emploi du temps était le plus souvent assez pépère : je me levais vers dix heures, j'écoutais la radio pour connaître les dernières évolutions de l'épidémie et quelques autres actualités, puis je m'asseyais devant mon laptop et là je bossais pendant trois heures non-stop. Les cours de coaching que je donnais à mes célibataires en déshérence me prenaient relativement peu de temps, avec seulement quelques sessions Zoom par semaine ; ce qui constituait l'essentiel du travail, c'était le marketing.

En 2023, la promotion d'un produit ou d'un service quelconque passait quasi exclusivement par internet. Concrètement, deux régies publicitaires détenaient un oligopole ultra-puissant : Google et Facebook. Alors, pour trouver des clients, je passais les deux tiers de mes journées à fabriquer des campagnes. Il s'agissait d'abord d'établir un message, avec un slogan efficace comme « *Get your ex back today* » ou, en moins agressif, « *Win your ex forever* » ; dans un second temps, je devais trouver des illustrations avec des images ou des vidéos pour attirer le clic ; l'étape suivante consistait à établir un ciblage en fonction de mots-clés savamment choisis ou de centres d'intérêt, lesquels pouvaient se combiner entre eux ; enfin, je choisissais mon budget journalier en veillant à fixer une « bid » limite, c'est-à-dire le prix maximum que j'étais prêt à payer pour chaque interaction avec un utilisateur. Et selon les mots-clés, cette enchère pouvait atteindre des tarifs très élevés.

L'exercice supposait bien sûr un site internet. Je retouchais le mien chaque jour, conformément aux recommandations du gourou de la FrenchTech Oussama Ammar, en particulier la page d'accueil. En la matière, tout se testait et s'améliorait sans cesse par « itérations » : l'univers des plateformes était avant tout un artisanat, contrairement à ce que d'aucuns pouvaient penser. Il fallait sans arrêt recommencer. Avec une nouvelle image en guise d'arrière-plan, un bouton d'une couleur différente, une présentation plus longue, ou au contraire plus courte, une tarification évolutive en fonction des taux de retours, et bien sûr, des captations de « *leads* », autrement dit de données diverses comme les adresses mail pour pouvoir relancer les potentiels clients. Le commerce en ligne n'avait en pratique presque aucun rapport avec les boutiques physiques ; il constituait un paradigme séparé.

Grâce à Iris, j'avais mis en place toute une ingénierie orientée vers l'efficacité, efficacité que je pouvais contrôler facilement par le biais d'indicateurs : le CPC (*cost per click*, pour coût par clic), le CTR (*click through rate*, autrement dit le taux de conversion), ou encore le score d'optimisation, que les gentils GAFA me donnaient pour chacune de mes pubs pour me dire si j'avais bien travaillé ou non. Qu'ils étaient charitables, ces robots.

Je me serais bien passé de tous ces instruments. Lorsque

j'avais commencé à développer ce business, quelques mois auparavant, je percevais le travail très différemment. Je me voyais déjà jouer le coach en séduction comme dans le film *Hitch*, en donnant mes super-conseils à des gens désœuvrés qui souhaitaient tout faire pour retrouver leur ex. Il n'y avait pas de sous-métier. Sauf que la réalité se révéla nettement moins excitante : les sessions à distance étaient sans cesse entrecoupées par la mauvaise qualité des connexions et le contact physique manquait cruellement. Surtout, je me rendais compte, au fil des semaines, que je ne travaillais pas réellement pour des personnes en chair et en os : je travaillais pour des algorithmes.

Les techniques que j'employais me rappelaient les discussions que j'avais eues avec Iris lors de mon arrivée en Normandie ; dans les promotions, il s'agissait moins de persuader des gens que de convaincre des ordinateurs, qui triaient automatiquement les messages et les pages de présentation en détectant les phrases qui marchaient, ou qui ne marchaient pas, les mots-clés qui convertissaient, plus ou moins, les couleurs qui fonctionnaient, ou non. On appelait ça le *machine learning*. Mon interlocuteur principal n'était pas le client potentiel, ni même un manager ou un chef de publicité, c'était une intelligence artificielle, qui me scrutait, me jaugeait, me notait, me bloquait, me débloquait, me filait des adresses mail, ou pas, me validait, ou pas, m'autorisait à continuer à bosser, ou pas, et me contrôlait sans cesse.

Au bout d'un moment, lorsqu'une campagne avait bien marché – c'est-à-dire suscité assez de retours, et converti suffisamment de clients –, j'avais le droit de commencer une interaction humaine – à distance, mais c'était déjà ça.

Quand je réfléchissais une minute à ce que je faisais vraiment, et à qui je m'adressais véritablement, j'avais envie de fondre en larmes. Car l'homme disparaissait lentement mais sûrement derrière ces interfaces d'optimisation et de contrôle. Le pire, c'est que c'était nous, les humains, qui avions fabriqué l'asservissement. Et qui le gavions jour après jour, sans discontinuer.

La forme de ce nouveau monde était sans doute nécessaire et présentait bien des avantages, mais elle n'avait rien de sympathique.

J'avais un Zoom prévu avec une certaine Nicole, qui m'avait commandé plusieurs séances de coaching. Elle souhaitait que je l'assiste dans la résolution d'un problème avec un mec lié au « tout-à-distance » (TAD) – une expression qui désignait depuis quelques mois les personnes qui ne sortaient plus de chez elles et qui virtualisaient tout, de la livraison de bouffe jusqu'aux relations charnelles en passant par l'activité sportive. Au début, tout le monde se fichait d'elles, mais depuis quelque temps, ça devenait cool, dans certains milieux, de ne plus jamais sortir de chez soi. D'être un TAD.

« Bonjour madame, vous êtes Nicole ?

– Euh, oui, bonjour D… »

La connexion se coupa.

« David ?

– Oui, Nicole, je vous entends. Donc vous souhaitiez me parler de votre problème. Un souci avec un ancien ami, je présume ?

– Oui, alors… Comment ça se passe, je dois vous expliquer tout directement ou vous avez le formulaire ?

– J'ai bien le formulaire sous les yeux, Nicole, j'ai pu y jeter un coup d'œil avant la session, mais l'idée, c'est que vous puissiez me donner votre ressenti général, pour que le coaching soit le plus efficace.

– Alors voilà. Je suis une femme de quarante ans, hétérosexuelle, je bosse dans le conseil pour une petite boîte à Annonay, et je sortais avec un mec, un très beau mec, qui s'appelle Arnaud, et tout se passait bien.

– Vous vous étiez rencontrés en URL ou en IRL ?

– En URL bien sûr, sur Badoo, en fait. Et donc, c'est un homme charmant, qui a tenu pendant pas mal de temps une salle de sport, mais bon, évidemment, ça a périclité avec la situation, et maintenant il s'est reconverti dans la restauration.

– Ah, très bien, il a son propre restaurant ?

– Non non, il travaille à McDo, au drive. D'ailleurs, j'allais souvent le voir après nos premiers échanges sur l'application, je voulais lui faire la surprise. J'aurais bien voulu aller le chercher après son travail, à la fin de sa journée, mais avec le couvre-feu, bien sûr, c'est pas facile… On faisait l'amour assez régulièrement, presque tous les soirs, en fait. Par webcam. Et tout se passait comme on voulait, jusqu'au jour où je lui ai proposé une relation physique.

– Vous voulez dire un rapport sexuel ?

– Oui… éventuellement, mais même moins que ça, en fait, quand on se voyait en vrai, c'était souvent pour manger, ou discuter, j'appréciais énormément d'ailleurs. On s'embrassait parfois, aussi, même si c'était assez rare. Il me dit que je l'attire, qu'il a envie de moi, qu'il voudrait me… enfin, vous voyez… Disons que c'est un homme très explicite, en webcam y a aucun problème, beaucoup plus que moi, qui suis assez pudique… Parfois, il se déshabille entièrement sur Zoom, ça m'émoustille, mais j'ai du mal à faire pareil, je ne sais pas, en IRL c'est plus simple, y a comme un truc naturel qui se met en place… alors qu'en ligne, tout de même…

– Mais Nicole, pour être sûr de suivre, il ne veut pas de rapport en réel, si je comprends bien ?

– Voilà ! Je crois que c'est ça. Il ne me fuit pas, hein, pas du tout, c'est toujours lui qui réclame des vidéos, des live, etc., mais dès qu'on se voit physiquement, y a comme un blocage. Il s'arrête net.

– Ah, vous savez, malheureusement, si c'est son choix, il n'y a pas grand-chose à faire. Je commence à avoir pas mal d'expérience en la matière, je coache régulièrement des hommes et des femmes de tous âges et c'est vrai que je retrouve ce phénomène.

– Donc je ne suis pas seule dans ce cas ?

– Non, pas du tout, si ça peut vous rassurer. Je ne sais pas si c'est dû au contexte sanitaire, et à tout ce qu'il s'est passé depuis 2020, mais effectivement, on observe un changement. Ce que je conseille, c'est de travailler sur votre propre assurance, peut-être avez-vous quelques kilos en trop, ou…

– Je fais beaucoup de sport.

– Alors, je ne sais pas, c'est vrai que le fait de se sentir bien dans son corps et son esprit est toujours plus attirant, que ce soit pour une femme ou pour un homme, d'ailleurs. C'est une piste qui peut débloquer des choses.

– J'ai l'impression qu'il ne voudra jamais, en fait. En IRL.

– Vraiment ? Mais pourquoi en êtes-vous si sûre, Nicole ?

– Il me l'a dit. Il n'aime plus le contact physique. Il veut que du virtuel. »

C'était l'anniversaire de Virginie. Pour ses cinquante ans, Alex avait sorti le grand jeu : une bouteille de Ruinart pour l'apéritif, des saucisses cocktail du boucher, des olives, des huîtres, et une galette des rois qui venait d'un excellent pâtissier de Valognes.

Iris et moi avions mis la main à la pâte, en sus des cadeaux que nous avions achetés pour fêter ce demi-siècle. J'étais chargé de l'ouverture des coquillages – une tâche modérément évidente –, et ma comparse devait s'occuper des toasts et des légumes d'accompagnement pour les huîtres.

Virginie n'était pas au courant et, pour ménager la surprise, nous avions choisi de fêter l'événement trois jours avant la date – qui tombait un lundi, sa journée la plus chargée.

Le soleil était en train de se coucher et, en ce vendredi, Cherbourg était particulièrement animé. J'étais parti avec Alex au supermarché pour acheter les tout derniers ingrédients dont nous avions besoin. Les habitants faisaient leurs réserves pour le week-end, et comme tout devait être terminé avant vingt heures – départ du couvre-feu –, les rayons du Leclerc étaient noirs de monde, lorsque nous arrivâmes.

Virginie était partie nager à la piscine de Collignon. Elle avait l'habitude de s'y rendre tous les vendredis avec des collègues. Généralement, elle y arrivait en milieu d'après-midi, après la fin des cours, repartait vers dix-sept heures et passait ensuite chez son coiffeur qui, selon les semaines, lui faisait tantôt une couleur, tantôt une coupe, tantôt un simple brushing. C'était une femme qui prenait soin d'elle.

« C'est bon, niveau timing ? demandai-je à Alex, alors que nous prenions des légumes.

– On a encore de la marge, mais faut pas tarder, surtout qu'elle rentre jamais exactement à la même heure. Mais ça devrait le faire, vu les racines qu'elle avait, elle a dû se faire une couleur, aujourd'hui. »

Alex avait beaucoup coupé ses cheveux depuis quelques mois pour tenter de se mettre dans la peau d'un futur cadre. C'est en tout cas l'impression qu'il me donnait. Il ne le faisait sans doute pas de gaieté de cœur, lui qui affectionnait les tenues simples et décontractées, mais il savait que chaque détail comptait pour convaincre un recruteur. Il recherchait un stage dans les relations publiques, ou quelque chose dans le genre, et jusqu'à présent, ses efforts n'avaient rien donné.

Malgré les apparences, nous vivotions. La configuration de notre vie à quatre présentait de nombreux avantages et comportait d'assez faibles coûts, mais c'était pour pallier une carence monumentale dont chacun de nous souffrait, à l'exception de Virginie : le travail. Le monde post-Covid avait fait naître un grand nombre de nouvelles manières de consommer, de bouger, de communiquer, et comme la plupart des personnes de notre génération, nous étions souvent les premiers à tester ces fameuses nouveautés. Mais du fait de l'automatisation et de la précarisation continue des conditions de l'emploi, en France et ailleurs, il fallait pleurer misère pour se faire embaucher quelque part. Le travail indépendant présentait de nombreux avantages – j'en étais moi-même un thuriféraire obstiné –, et à peu près autant d'inconvénients. Ce n'était pas seulement la qualité des contrats qui se détériorait, c'était le boulot lui-même qui manquait, de façon systémique.

Avec les outils numériques, les entreprises n'étaient plus seulement dans une quête permanente de profit – ce qui pouvait se concevoir –, elles n'étaient pas non plus uniquement animées par la réduction des coûts – ce qui pouvait aussi, d'un certain point de vue, se penser –, non, elles avaient désormais une seule obsession : le remplacement de l'homme par la machine, que celle-ci soit physique ou virtuelle. Car l'objet, lui, ne se trompait jamais, lorsqu'il était bien conçu. Il présentait de surcroît quelques avantages non négligeables : il ne se plaignait pas, ne réclamait rien, ne constituait pas de syndicat ; bref, il se taisait. Alors que faire taire un homme, c'était une tâche plus ambitieuse.

« Bon, je crois que y a tout, c'est bon pour toi, David ?

– Oui, j'ai les légumes, les sauces et une bouteille de vin en plus, au cas où.

– Nickel, du coup on va… hem… Ah, fait chier, y a plein de monde, tu voudrais pas essayer de… hem… hem…

– Ça va ?

– Hem… Ouais, ça va, t'inquiète, j'ai toujours un chat, c'est pénible. »

Nous faisions la queue aux bornes automatiques, qui constituaient plus de la moitié de l'ensemble des caisses. Je regardais des vidéos sur TikTok.

« Hem… excusez-moi, vous savez où est-ce que je peux trouver les surgelés ? me demanda un mec d'un certain âge.

– Oui, bien sûr… Vous voyez le rayon avec les conserves ? Vous le suivez jusqu'au bout, vous tournez à gauche, et ce sera à droite ensuite.

– Merci… hem… Merci messieurs.

– Tu trouves pas que y a plein de gens qui toussent, en ce moment, Alex ?

– Ah ouais ? Tu trouves ? J'ai pas remarqué. Enfin, c'est encore l'hiver, et t'es à Cherbourg, tu sais, on attrape souvent des angines, ici. T'as dû commencer à le remarquer. »

Plusieurs autres personnes toussaient dans la file d'attente.

« J'trouve ça bizarre, quand même.

– Oh, tu sais, à mon avis c'est encore le Covid qui nous a fait une mutation, ça s'arrête jamais d'évoluer, ces saloperies, une vraie calamité ! Et puis y a d'autres maladies maintenant, t'as suivi ? Tant que les vaccins sont efficaces… Nous, on n'a rien à craindre. »

Iris m'appela sur le chemin du retour : « Qu'est-ce que vous branlez, les mecs ? Elle arrive dans vingt minutes !

– T'inquiète, Alex est en train de bombarder, là, on arrive dans pas longtemps.

– Mais vous vous êtes même pas habillés, grouillez-vous, putain ! »

Je contemplais le paysage à travers la fenêtre en essayant de me remémorer le contexte dans lequel j'étais arrivé en Normandie, près de trois ans auparavant. À l'époque, j'étais à la recherche d'une simple évasion avec le woofing, et d'un nouvel élan qui allait sans doute – c'est ce que je pensais alors – s'essouffler rapidement. Je savais qu'on ne révolutionnait pas sa manière de vivre sur un coup de tête, et surtout, j'étais convaincu qu'on avait tous des racines, des origines, et des habitudes qu'il était extraordinairement difficile de modifier, passé l'adolescence. Mais désormais, je ne cherchais plus un antidote à un quelconque dérèglement du système, je ne cherchais plus de remède à la sinistrose, je ne cherchais plus de solution au stress de la vie urbaine. C'était une instance infiniment plus urgente, qui me faisait me mouvoir : celle de la fuite.

Je fuyais tout : l'entreprise, les salariés, les patrons, le chômage, les loyers hors de prix, les crédits hors de prix, les taxes hors de prix ; je fuyais les administrations, les politiciens et les médias, autant que les injonctions et les réprimandes ; je fuyais la malhonnêteté, la mauvaise foi, le mal-être ; je fuyais les hommes, les femmes, et tout ce qui se situait entre les deux ; je fuyais mon passé, mon présent, et mon avenir ; je fuyais les miens, les autres, les étrangers et les inconnus ; je fuyais mes droits, mes libertés, mes devoirs et mes obligations ; je fuyais la France, l'Europe, l'Occident en général ; je fuyais les bons, les mauvais, les tristes et les joyeux ; je fuyais les gens qui hurlaient autant que les gens calmes ; je fuyais la lâcheté, le courage, la médiocrité et le génie ; je fuyais la délicatesse, la violence, la douceur et le meurtre ; je fuyais la gauche, la droite, le centre et les extrêmes ; je fuyais l'État, le non-État, les hauts fonctionnaires et les grands actionnaires ; je fuyais les virus, les épidémies, les pandémies et les mutations ; il me restait encore un peu d'amour, mais en dehors de ça, le fracas ne se faisait même plus entendre.

« Surprise ! »

Virginie avait été si émue qu'elle avait failli s'évanouir – je me demandais si c'était à cause de notre geste ou de sa séance à la piscine, dans l'après-midi.

Alex semblait particulièrement heureux de voir sa mère sourire autant. Depuis la mort de Jérôme, son quotidien n'était pas toujours simple, et elle ressentait négativement le décalage générationnel à la maison – même si sa connaissance des toutes dernières tendances culturelles avait toujours le don de me surprendre. Mais ce n'était pas gai d'être veuve à cinquante ans, à l'âge où les parents commencent généralement à recouvrer leur liberté, après les longues années consacrées à l'éducation des enfants.

Bientôt, le voisin du dessus commença à gueuler. N'appréciant sans doute pas nos talents en karaoké, il avait sorti son plus gros balai pour frapper le plafond.

« Oh ! Ta gueule ! » s'exclama Virginie, qui nous proposait une interprétation originale de la chanson *It's Raining Men*. Le plus savoureux, c'est qu'elle tentait en même temps d'exécuter la danse, à la Geri Halliwell.

Iris accompagnait notre vedette avec panache, faisant ressortir l'incroyable complicité qui s'était nouée entre elles depuis quelques mois. Elles semblaient partager un grand nombre de choses, et souvent, lorsque j'arrivais dans le salon ou la cuisine, et que je les voyais discuter, on aurait dit la mère et la fille – les engueulades en moins.

« *God bless mother nature, she's a single woman too !* » Elle chantait fort, et se déplaçait sur le sol avec une grande énergie pour exécuter la chorégraphie.

« C'est pas bientôt fini, vos conneries ! Vous nous faites chier ! » gueula le voisin du dessous.

Virginie faisait mine de ne pas entendre.

« *It's raining men, hallelujah, It's raining men, amen !* »

« Je vais monter vous faire fermer votre gueule, bande de connasses ! »

« *It's raining men, hallelujah, It's raining men, amen !* »

« Je vous laisse dix secondes pour éteindre vos conneries ! Dix ! Neuf ! Huit ! »

« *It's raining men, hallelujah, It's raining men, amen !* »

« Six ! Cinq ! Quatre ! »

« Maman, qu'est-ce que t'as ? s'écria Alex.

– Virginie ! Tu as plein de sang sur le nez ! »

La petite entreprise d'Iris, Nat'Event, commençait à décoller. Ses jeux sociaux rencontraient un grand succès auprès de ses clients – des PME et même quelques grands groupes – et comme ses coûts fixes étaient faibles, l'activité s'avérait tout à fait rentable. Les chiffres n'étaient toutefois pas comparables à ce qu'elle gagnait auparavant grâce à sa chaîne YouTube. Depuis quelques mois, les annonceurs travaillaient moins avec les influenceurs, le mélange des genres qui avait longtemps été la recette gagnante – mêler de l'info et du divertissement – n'était plus aussi recherché. Plusieurs scandales avaient été révélés, où des youtubeurs avaient feint de soutenir une cause noble, comme la lutte contre le sexisme, alors que leur vie privée était parfois en contradiction totale avec ce qu'ils prêchaient. Les marques se méfiaient et préféraient désormais éviter ce flirt dangereux, où les retours de bâton devenaient de moins en moins rares. Iris n'avait jamais été éclaboussée par une affaire de ce type, mais elle subissait malgré tout la tendance de plein fouet.

Des entreprises allaient voir Nat'Event pour mobiliser

leurs propres salariés autour d'une cause environnementale. Sur la plateforme, elles pouvaient choisir un objectif – comme la lutte contre le réchauffement climatique ou la promotion du troc – et chaque participant devait ensuite effectuer des actes concrets pour l'atteindre. L'interface était virtuelle, mais les efforts, eux, se matérialisaient par des actions réelles. Un salarié pouvait ainsi gagner des points lorsqu'il trouvait en interne un collègue susceptible de lui prêter un objet dont il avait besoin, en échange d'un autre objet ou d'un service. Tout le monde était censé être « gagnant » : l'employeur, évidemment, qui faisait ainsi des économies d'achat de fournitures, par exemple, et le travailleur, qui limitait de son côté les livraisons inutiles, responsables de l'émission de gaz à effet de serre. C'était du « win-win ».

Iris avait toujours su monétiser la morale.

« T'es contente, ça avance ?

– Ouais, ça dépote en ce moment ! Et tant mieux, parce que j'en ai bien besoin.

– T'es dans la merde ?

– Pas encore, mais disons que je dois amortir pas mal de frais sur ma *store*, avec le thème du site WordPress que j'ai dû acheter, les plugins et tout ça, surtout que même si j'ai pas mal de clients, c'est des p'tits tickets.

– Tu pourrais pas faire du dropshipping, à côté ?

– Des produits physiques, tu veux dire ? Sur Nat'Event ?

– Bah ouais.

– C'est pas trop l'objet, à la base… Cela dit, c'est pas con. C'est vrai que j'ai aussi des demandes de particuliers, du coup, ça peut se tenter, faudrait que je voie.

– Bon, par contre ne te mets pas à vendre des masques, pitié !

– Ah non ! T'inquiète. Toute façon c'est plus vraiment rentable, ils sont trop sur le marché. »

Moi, je venais de sortir d'une session coaching éprouvante avec un mec de Belgique. Le gars s'était fait larguer par sa nana et, comme il était au chômage depuis plus de quatre ans, la nouvelle l'avait littéralement enfoncé. Il avait fait plusieurs tentatives de suicide et ne savait plus à quel saint se vouer. Sauf que je n'étais pas médecin, ni même psychologue, alors je voulais l'orienter vers un professionnel de santé. Mais le type n'en démordait pas, il maintenait qu'il avait besoin d'un « coach en amour », parce que c'était ça, son blocage le plus profond. Je ne savais que faire.

Internet avait beau s'être développé à une vitesse prodigieuse avec des moyens techniques toujours plus perfectionnés, c'était encore le Far West dans un grand nombre de cas. On ouvrait un site sans trop savoir ce qu'on faisait, on vendait des trucs qu'on n'avait parfois jamais vus en vrai, et puis on récupérait des clients, qui nous donnaient leur Carte bleue et achetaient. Eux non plus, ils ne savaient pas ce qu'ils faisaient. C'était ce qu'on appelait la « *boring economy* », c'est-à-dire une économie axée sur la paresse et l'inaction. Le cerveau d'un utilisateur était parfois tellement broyé par les écrans et les flux qu'on pouvait lui vendre à peu près n'importe quoi en ligne. Ce n'était même pas des arnaques, car les gens restaient méfiants, c'étaient plutôt des achats inutiles, mus par la simple envie de faire quelque chose. La consommation était devenue l'acte existentiel par excellence.

« Salut les gars ! » lança Alex en ouvrant la porte d'entrée.

– T'as passé une bonne journée ? lui demandai-je, alors qu'il arrivait dans le salon.

– Écoute, pas mal, je pense avoir trouvé un stage, c'est pas encore sûr, mais bon…

– Chez qui ?

– Ah, je préfère pas le dire, le karma…

– Allez, on s'en fout !

– Disney Plus !

– La plateforme de streaming ?

– Oui ! Ce serait tellement bien, putain ! Avec la fermeture de tous les parcs, tu sais, ça sentait sérieusement le roussi chez eux. Mais leur plateforme est en train de détrôner Netflix, alors ils développent des tas de contenus en France.

– Ce serait pour un poste à Paris, du coup ?

– Ouais, enfin un stage… Je leur ai pas dit que j'habitais Cherbourg, en fait, pour pas me faire discriminer. C'est pour ça que je faisais gaffe dans l'entretien Skype, tout à l'heure, pour qu'ils grillent pas les bateaux du port qu'on voyait dans mon dos…

– Ah ! Excellent ! Faut tout donner, t'as raison.

– Après, je pense que je pourrai faire une grande partie en télétravail.

– Au pire, ça nous fera un point de chute à Paris ! Ça fait tellement longtemps que j'y suis pas allé… Quand je pense que j'y ai passé toute ma jeunesse. Comme quoi, on oublie vite. »

Notre appart ressemblait presque au bureau d'une start-up – l'argent des levées de fonds en moins. Dans le salon, je bossais sur mon service de coaching, Iris développait Nat'Event dans sa chambre, et Axel travaillait ses cours dans la cuisine en écoutant des podcasts. De temps en temps, je me demandais comment une expérience de woofing avait pu m'emmener jusque-là, dans le paroxysme de la vie urbaine ultra-connectée.

Les vaches me manquaient, autant que les lapins et, dans une moindre mesure, les volailles. Le jardin me manquait, les prés me manquaient, la cheminée de la maison me manquait. Nous retournions de temps à autre à Ruffosses pour aller voir le voisin, qui était toujours englué dans ses combats administratifs et juridiques, mais la ville était redevenue mon environnement d'existence. Une petite ville, peu dense et plutôt aérée, mais la frontière entre ce que j'avais pu connaître à Paris et ce que je côtoyais maintenant paraissait de plus en plus floue.

Il n'y avait cependant rien à regretter.

« Coucou, les jeunes ! »

Virginie venait de rentrer du bahut, où elle passait désormais une bonne partie de ses journées. Les cours en présentiel n'avaient pas tout à fait repris, mais pour être plus tranquille, et surtout pour créer un semblant de séparation entre le domicile et le taf, elle allait souvent bosser sur place. La cohabitation entre nous se passait toujours relativement bien, mais la confusion entre les moments d'activité et les moments de détente avait tendance à peser sur le moral de Virginie. Elle n'avait jamais envisagé sa carrière comme ça, et elle avait le plus grand mal à se sentir vraiment utile dans cette nouvelle configuration de travail.

Elle toussait toujours beaucoup.

« T'es allée voir un médecin, j'espère ? lui demandai-je, alors qu'elle se servait un café.

– Oui, c'est gentil de me poser la question, mais tu t'en fais trop pour moi ! Je suis très sujette aux angines, depuis que je suis môme !

– C'est juste qu'avec la nouvelle vague dont on parle, on se demande toujours…

– Moi, je fais mon vaccin régulièrement, jusqu'ici je n'ai jamais eu de signes méchants.

– La nouvelle souche est plus virulente, paraît-il, faut faire attention.

– Oui, j'ai lu ça. Après, tu sais, on aère tout le temps ici, on met des masques, personnellement, je me lave les mains vingt fois par jour et j'ai toujours mon gel dans mon sac à main.

– J'ai l'impression qu'il y a quand même beaucoup de gens qui toussent, quand on va faire les courses.

– Ah oui ? J'ai pas trop remarqué. Sans doute le dernier vaccin qui fait moins effet, mais pour le prochain, ils mettront la dose, si j'ose dire ! Sinon… comment tu vas, toi ?

– C'est pas toujours drôle d'être enfermé toute la journée à bosser devant un écran.

– Je comprends. Mes élèves me manquent tellement…

– Tu ne les vois plus ?

– Si ! Dieu soit loué. Mais seulement quatre heures par semaine, tout le reste du temps, c'est à distance. J'aurais jamais pensé finir ma carrière comme ça.

– Mais tu as encore plein d'années devant toi !

– Une femme de cinquante ans, en plus surdiplômée, c'est compliqué à recaser… Mais ça m'empêche pas de regarder des offres, parfois même à Paris, j'me dis que si je fais en partie du télétravail, je pourrai rentrer de temps en temps…

– Tu veux aussi nous quitter ! dis-je d'un air triste.

– Pourquoi ? Y a d'autres projets ici ?

– Alex a été pris chez Disney Plus !

– Vraiment ?! Oh, je suis tellement contente ! Lui qui rêvait d'intégrer cette boîte. Son père serait fier de lui. Attends, j'vais aller le féliciter et lui faire un gros bisou de maman ! »

J'étais parti courir. Tous les soirs, quel que soit le temps, j'enfilais mon jogging noir, mes chaussures rouges et mon sweat à capuche, et je filais en direction de la plage.

Le début du trajet n'était pas spécialement agréable ; je devais d'abord traverser l'espèce de cité où se trouvait notre HLM, puis longer une route assez passante pendant près de dix minutes. J'arrivais ensuite au niveau de la rocade, que je devais contourner sur la droite pour rejoindre un chemin en bitume qui menait jusqu'à la piscine de Collignon.

L'été, l'atmosphère était agréable, malgré le vent et les têtes patibulaires qu'on croisait parfois, l'endroit valait le coup. Mais l'hiver… C'était de toute façon le seul véritable endroit où l'on pouvait se promener tranquillement à Cherbourg. À l'opposé d'où j'étais, il y avait le port, puis la zone industrielle et enfin l'arsenal dont l'accès était bien sûr fermé au public.

Je croisais une grande variété de personnes sur mon chemin. D'autres joggeurs, et aussi des cyclistes, des mecs en roller, des vieux qui marchaient, des familles avec des poussettes. Je ne m'étais jamais renseigné sur la sociologie des habitants de la zone mais il s'agissait vraisemblablement de classes moyennes inférieures, pour l'essentiel. Et surtout, beaucoup d'enfants et d'ados.

Avec la crise économique, les jeunes adultes se tiraient néanmoins en grand nombre à la recherche de meilleures perspectives professionnelles. Avec Alex et Iris, nous étions de ce point de vue une exception, et plusieurs de mes amis ne comprenaient toujours pas ce que je foutais dans cet endroit inhospitalier. Notamment Simon qui, aux dernières nouvelles, avait quitté la frontière suisse pour retourner à Paris, dans une start-up équivalente à celle pour laquelle il travaillait auparavant. Il en avait eu marre de la cambrousse.

J'observais un nombre important de va-et-vient autour de moi : des jeunes qui revenaient la queue entre les jambes de leur expérience à l'étranger, des déçus de la campagne qui retournaient, un peu comme Simon, au bercail, et d'autres qui étaient sans cesse en train de se demander quel était le nouveau pays à la mode. Le monde était effectivement devenu un vaste hôtel, comme l'avait prédit Attali, où l'on pouvait choisir le système fiscal qui nous convenait le mieux, les habitudes culinaires qui nous plaisaient le plus, les types de femmes ou d'hommes qui nous attiraient davantage. On faisait notre marché, puisqu'il n'y avait de toute façon plus rien qui nous retenait dans notre pays d'origine. Toute idée de nation s'était lentement évaporée au gré des démantèlements et des dépeçages industriels. Je m'étais progressivement fait à cette idée, et désormais, je l'aimais.

Le Covid n'avait pas eu pour effet de renforcer un quelconque sentiment patriotique, comme on aurait pu s'y attendre. Bien au contraire, tout le monde avait tellement flippé, et flippait tellement encore, que la seule obsession, à mes yeux très légitime, c'était de se trouver une vie pas trop dégueulasse tant qu'on était encore jeune. Le contexte sanitaire nous avait mis au pied du mur : si on voulait vivre, il fallait souvent partir. En province, en Europe, ou plus loin encore. Et je trouvais scandaleux qu'on puisse le reprocher à ceux qui n'avaient pas d'autre choix que l'exil.

Pour ma part, je n'arrivais plus à penser à long terme. Tous les projets que j'avais pu envisager à mes vingt ans s'étaient écroulés les uns après les autres, au fil des soubresauts économiques, des politiques publiques désastreuses et des coups de pression multiples. Dans ce contexte marqué par une incertitude infinie, je me demandais ce qu'allait devenir mon pays. Car il y avait encore des gens qui y étaient attachés, pour des raisons culturelles ou bêtement identitaires. Sauf qu'ils se raréfiaient, et la jeunesse n'en pouvait plus d'attendre, alors elle ne croyait à aucun discours, en particulier ceux qui émanaient des partis politiques. On suivait davantage les faiseurs d'opinion, les influenceurs et les artistes, non pour trouver des réponses à nos questions, mais pour fuir les puissants qu'on vomissait. Cette jeunesse était bien moins conne qu'à d'autres époques, contrairement à ce qu'on disait souvent. Elle me semblait même plus lucide que jamais, et moins prompte à se faire manipuler.

Nous étions avant tout des gens autodéterminés, sans nation, sans ancrage, sans racines et sans religion, des atomes indécis qui adoptaient leurs propres mœurs, leurs propres référentiels, sans intervention extérieure ; nous étions seuls, ô combien seuls, et confrontés à l'étroitesse de notre existence. On ne nous avait pas laissé le choix ; les anciens avaient tout abandonné, tout lâché, tout laissé tomber ; ils avaient vendu, dilapidé, bazardé l'essentiel pour nous laisser un champ de ruines, qui ne nous permettait même plus de bouffer. On allait quand même pas continuer à leur faire confiance !

Internet n'était responsable de rien, pas plus que le virus, c'étaient les « décideurs » des quatre dernières décennies qui avaient été les instigateurs de cette situation ; c'est eux qu'on aurait dû ostraciser, pour les punir du mal qu'ils avaient fait à la collectivité tout entière. Sauf qu'ils ne souffraient de rien, les salauds, ils dormaient dans leurs demeures, bien au chaud, mouraient à des âges très avancés, et en plus, ils se permettaient de donner des leçons de civisme à ceux qui devaient quitter leur pays pour survivre. Les gestionnaires avaient tout foiré en cassant, brisant, insultant tous ceux qui ne demandaient que des pâtes, du respect et de la dignité pour continuer leur existence déjà si frugale. La jeunesse la plus vive d'Europe allait se tirer, et c'était bien fait pour eux.

J'avais envie de sortir de ce cirque, de cette danse de mort qui n'en finissait pas. Pourtant, à l'appart, ça cravachait dur, et avec Iris et Alex, on se battait comme des diables pour entreprendre tout en gardant la tête hors de l'eau. C'était une lutte de tous les instants pour jongler entre les coûts fixes, les coûts variables, et l'omniprésente compétition. On avait foutu en l'air le salariat pour le remplacer par une armée de travailleurs pauvres qui se demandaient chaque matin s'ils allaient pouvoir mettre de l'essence dans leur bagnole ou des cordons-bleus surgelés dans leur frigo.

Moi qui avais un temps été happé par l'esprit libertarien, qui visait à démultiplier les possibilités individuelles, j'en mesurais désormais le coût, abyssal, pour l'équilibre de l'existence humaine. On s'était félicité de la disparition de l'emploi à vie pour récupérer, à la place, un statut d'auto-entrepreneur à l'agonie, qui, à part contribuer à la réduction des dépenses sociales, ne faisait que des malheureux.

Même Iris, qui avait toujours été élogieuse s'agissant de ce nouveau monde, en faisait à présent des cauchemars et venait parfois me voir, en pleine nuit, parce qu'elle avait peur de perdre des clients. « T'imagines, si j'ai une baisse de seulement 20 %, je pourrai même plus me verser de salaire ! Ça peut arriver en deux secondes. Et tout s'écroule. »

L'insécurité permanente ne créait pas que du mal-être, du stress et des dépressions, elle préparait une masse colossale de cancers, de suicides et d'arrêts cardiaques. Pendant ce temps, on continuait à nous parler d'une seule et unique chose : la dette.

Au fond, c'était le projet France tout entier qui ne signifiait plus rien. Ou, plus exactement, il continuait à vivre, quelque part, mais exclusivement à travers les œuvres : la poésie de Rimbaud ou de Baudelaire, les films de Truffaut, ou plus récemment de la team Bacri-Jaoui, les ballades de Gainsbourg, les défilés Yves Saint Laurent, même la bonne bouffe, à la marge. Le pays était surtout devenu un produit d'exportation.

Je pensais parfois à l'exil – le vrai –, qui me paraissait constituer la dernière voie de sortie, avant que la tentation du suicide n'atteigne sa pleine maturité. Malgré tous les espoirs que j'avais fondés dans l'exode urbain, un palier supplémentaire me semblait devoir être franchi pour envisager un scénario plus clair – pas nécessairement radieux, mais simplement ouvert à de nouvelles possibilités, alors que ma situation dans l'Hexagone s'enkystait et se figeait comme une mouche sur un néon.

Plusieurs de mes proches exécraient cette idée, la trouvant « inutile » et surtout « lâche ». Il est vrai qu'une personne de mon niveau éducatif avait sans doute encore à apporter à son propre pays, peut-être en devenant prof, fonctionnaire ou pourquoi pas politicien. Sauf que je percevais avant tout un bourbier dans l'aventure française, et ce, quel que soit le chemin emprunté – en mettant de côté la caste inébranlable des héritiers, eux qui, à vingt ou vingt-cinq ans, avaient déjà récupéré un logement gratuit et des liquidités suffisantes pour pouvoir glander pendant dix ans. Je n'avais jamais appartenu à ce monde-là.

Je préférais encore la mentalité de mon ami Simon, qui ne s'arrêtait jamais de bosser. Toujours à l'affût des nouvelles tendances et des nouveaux marchés, il lisait sans arrêt, qu'il s'agisse de romans, de revues spécialisées ou de blogs, et pratiquait beaucoup l'entraide, avec ses nombreux potes en galère. En une semaine, il était capable de monter un site internet pour une copine au chômage, de m'assister à la conception d'une app pour son frère et de résoudre un bug informatique, tout en continuant à bosser sur ses propres projets. En dehors de ça, il sortait très peu, et son loyer lui coûtait une petite fortune.

L'un des principaux points positifs de la période, c'était les vaccins. Malgré l'apparition régulière de nouveaux variants, dont certains nécessitaient toujours de réintroduire des mesures de restriction durant quelques semaines, le niveau de protection était désormais élevé et le passeport vaccinal, qui subissait encore de nombreuses critiques, avait permis de limiter fortement la propagation. Mais c'était un nouveau monde dans lequel nous évoluions tous, et plus personne n'était assez sot pour parler encore de retour à « la vie d'avant ». Les mutations technologiques, économiques et même culturelles qui avaient traversé le monde ne cessaient de se confirmer et de s'amplifier, en même temps que les mentalités évoluaient. Le risque n'était plus seulement les épidémies, c'était la préservation de la démocratie elle-même, dont le modèle de fonctionnement subissait de très puissantes transformations. L'État, quant à lui, connaissait des évolutions inquiétantes. C'était devenu une machine à big data.

La jeunesse ne craignait pas ces nouveautés, qu'elle avait en quelque sorte contribué à faire naître en adoptant des comportements différents dans le digital. Mais, contrairement aux générations précédentes, elle n'avait pas eu le temps de se constituer un filet de sécurité pour amortir les chocs : pour une grande partie d'entre eux, les Millénials et les Gen Z n'avaient pas eu l'occasion, ni le temps, de trouver un job stable et encore moins d'investir dans la pierre. Dans ce contexte, aucune erreur ne lui était permise, aucun ratage, aucune hésitation. Bref, la vie était une angoisse constante.

Dans le monde, le changement climatique continuait de perturber les équilibres migratoires, avec un grand nombre de réfugiés qui se trouvaient contraints de fuir leur pays, quand ce n'était pas la guerre qui les y obligeait. La situation de certaines régions devenait extrêmement préoccupante, dans un contexte où les pays les moins avancés disposaient de doses de vaccin bien moindres pour lutter contre le Covid et les autres maladies. De plus, les crises économique et monétaire frappaient de plein fouet d'innombrables zones qui connaissaient des taux de chômage et de pauvreté supérieurs à tous les niveaux jamais enregistrés jusqu'alors. Il y avait plus que jamais une partition entre les pays relativement protégés et tous les autres qui étaient confrontés tantôt à une chute de l'espérance de vie des populations, tantôt à des famines, quand ce n'était pas des régimes dictatoriaux qui se mettaient en place, lesquels prospéraient sur l'autel de la haine et du désespoir général.

En Californie et dans l'univers de la tech en général, certains voyaient encore dans les nouvelles technologies un espoir d'améliorer les conditions de vie humaines, y compris dans l'univers de la crypto et du bitcoin, où l'on pouvait assister à d'importantes levées de fonds pour financer des causes humanitaires à l'aide de la blockchain. Mais on connaissait encore très mal ces mécanismes.

Les partisans d'un nouvel ordre économique pensaient quant à eux qu'il était temps de commencer à mettre en place un gouvernement mondial, afin de lutter plus efficacement contre les « menaces », qu'elles soient écologiques, financières ou sociales. C'était un discours intéressant, quoique toujours assez abstrait pour moi.

Au milieu de ce chaos, je ne savais plus quoi faire.

En rentrant de mon jogging, je croisai Ahmed, un voisin avec qui on se rendait de temps en temps des services.

Bricoleur, il réparait parfois des trucs dans notre appart, de notre côté, on l'aidait avec Iris pour son site internet – il essayait la vente de fleurs en ligne, en complément de son boulot de serrurier qui ne marchait plus très bien depuis quelque temps.

Il avait une quarantaine d'années et des traits doux. Son teint naturellement hâlé tranchait avec la gueule de la plupart des gens des environs. Ça faisait du bien. Il vivait à Cherbourg depuis près de quinze ans et était tombé amoureux du coin depuis qu'il avait appris à faire de la voile avec un collègue. Sa femme bossait aux Eleis en tant que caissière à temps partiel. Et ses deux enfants, Paul et Laïka, étudiaient au collège.

Je discutais souvent avec lui, le soir, en bas de l'immeuble. On aimait dire qu'on faisait « le point », afin de se donner du courage pour le jour suivant, et les semaines suivantes, et les galères suivantes. C'était un type chaleureux et généreux, mais comme moi, il ne supportait pas qu'on l'emmerde. Il vivait par conséquent avec difficulté le caractère quasi permanent des restrictions, qu'il s'agisse du port du masque, des règles de distanciation ou des fermetures aux frontières – même s'il n'avait de toute façon pas les moyens de prendre des vacances.

Il avait presque vingt ans de plus que moi, mais en réalité, nos conditions d'existence ne différaient pas beaucoup. J'avais fait plus d'études que lui, mais la dégradation des conditions de l'emploi concernait plus ou moins tout le monde. Tout en bas de l'échelle, les travailleurs manuels et les petits employés étaient toujours payés au lance-pierre, ce qui ne changeait pas grand-chose par rapport au « monde d'avant », mais depuis la pandémie, c'est toutes les strates intermédiaires qui avaient été ramenées à un niveau plancher. Un ingénieur bac + 6 avait toujours des compétences à faire valoir, mais à part quelques exceptions liées à des compétences hors normes, il était désormais payé des queues de cerise. Une ancienne copine d'école m'avait expliqué quelques mois auparavant qu'on avait du jour au lendemain divisé son salaire par deux après qu'un prestataire avait proposé à sa boîte un petit plugin facturé soixante-neuf euros par mois, qui permettait, en gros, de faire son travail automatiquement. Elle était désormais chargée de vérifier le bon fonctionnement de ce plugin, et bientôt, elle serait carrément poussée vers la sortie. Ce genre de situation était devenu atrocement banal.

Dès lors, le niveau de rémunération des gens comme moi, ou comme Iris, se rapprochait très clairement de celui des boulots moins qualifiés, comme celui d'Ahmed. C'est précisément ce qui avait contribué à nous rapprocher : nous menions des vies parallèles.

C'était peut-être la condition, qui avait toujours manqué jusqu'alors, pour que naisse une révolution.

Je commençais moi-même à tousser. Malgré les injections de rappel que je me faisais faire chaque année comme la plupart des Français et des Européens, nous restions vulnérables à d'autres maladies, d'autant que de nouveaux virus étaient apparus depuis quelques mois. Et si les labos travaillaient sans cesse sur de nouvelles molécules, un nombre important d'infections ne connaissaient ni vaccin ni traitement efficace. Alors tout le monde scrutait son état de santé en permanence, avec une certaine inquiétude.

J'attribuais pour ma part la toux à l'atmosphère confinée de notre appartement, dont la construction qui datait des années 60 offrait de très mauvaises qualités d'isolation et d'aération. L'hiver, on y respirait particulièrement mal, et il y avait de la buée partout sur les fenêtres presque tous les matins.

Même s'il faisait très froid dehors, j'étais contraint d'ouvrir la fenêtre pendant que je donnais mes cours de coaching. Avec mes deux couches de pulls, j'avais suffisamment chaud, et avec l'air du dehors, je pouvais respirer.

Plusieurs de mes « clients », dont certains étaient devenus des amis virtuels, me faisaient part de leur situation générale. Contrairement à ce que j'avais pensé en commençant l'activité, ce n'étaient pas des gens spécialement riches qui commandaient du coaching, mais plutôt des profils peu aisés, qui ne savaient plus à quel saint se vouer. Certains évoquaient avec moi leurs soucis familiaux, d'autres leur situation fiscale, d'autres encore leur échec à des examens. Tous avaient un point commun : ils allaient mal et avaient une envie criante de parler. Car si les nouveaux outils de communication présentaient bien des qualités, il fallait au préalable connaître des personnes pour pouvoir les utiliser. Et ça, ce n'était pas donné à tout le monde.

Lorsqu'ils habitaient dans la région, on organisait parfois des rencontres, à trois ou à quatre, avec ceux que je préférais appeler mes « élèves ». Le prétexte était toujours le coaching – dans le but d'avoir une meilleure vie amoureuse –, mais en pratique, on était juste heureux de se rencontrer. D'ailleurs, la plupart du temps, ce n'était pas moi qui coachais qui que ce soit, c'est eux qui me faisaient du bien.

J'avais organisé une rencontre de ce type avec Seb et Jasmine, deux clients fidèles que je suivais depuis plusieurs mois. Nous avions réservé un resto traditionnel dans le centre historique, qui servait de l'excellente brandade de morue.

J'étais arrivé quelques minutes en avance au restaurant pour préparer deux, trois choses à dire à mes convives. Le but de la rencontre n'était pas de travailler, mais je profitais toujours de ce genre d'événement pour rappeler les fondamentaux du programme de coaching. Après tout, il s'agissait aussi d'une activité commerciale, censée rendre un service.

Jasmine arriva une petite dizaine de minutes en retard et se confondit en excuses. « J'ai mis un temps fou à trouver une place ! » C'était une femme d'une quarantaine d'années, récemment divorcée. Elle avait fait appel à mes services pour faciliter ses « recherches affectives », comme elle disait. J'étais devenu malgré moi quelqu'un d'assez réputé dans ce domaine au sein de la microniche peu prestigieuse des conseillers en séduction, et l'idée avait tendance à me plaire. J'étais surnommé par certains « le Bon Coin de l'amour », tant et si bien que des concurrents se comparaient à moi et affichaient parfois sur leur propre site internet qu'ils avaient été formés par moi – ce qui était rarement le cas. Mais le monde des activités en ligne était déjà suffisamment compliqué comme ça pour tout un chacun, alors je n'avais jamais cherché à contester.

Jasmine avait récemment contracté une autre maladie, sans lien avec le Covid-19, mais dont les symptômes s'en rapprochaient : toux, fièvre, maux de tête. Aucun vaccin n'avait pour le moment été trouvé mais des traitements efficaces existaient, à ceci près qu'ils provoquaient d'intenses effets secondaires, comme des otites et, chez certaines personnes, des problèmes dentaires. Elle ne pouvait plus vivre ni travailler normalement et avait désormais un taux d'incapacité de 50 %. « C'est gérable, je me bats, et ma famille m'aide un peu. »

Cette situation en elle-même tout à fait extérieure à sa vie amoureuse avait en réalité un impact direct sur ses choix sentimentaux : compte tenu du fait qu'elle percevait désormais l'AAH (allocation adulte handicapé), elle n'avait plus le droit de se mettre en couple librement sans risquer de voir son aide réduite. J'ignorais l'existence de ce problème qui, pour les personnes dans son cas, conduisait parfois à une sorte de célibat forcé. Beaucoup réclamaient l'individualisation de l'allocation, pour éviter la double peine que conduisait à instaurer le dispositif. Mais celle-ci avait jusqu'alors toujours été refusée par le gouvernement. « Comme si le fait de cohabiter avec quelqu'un supposait forcément que l'autre allait nous entretenir ! Ça n'a aucun sens. Entre ça et la maladie, on a parfois l'impression d'être un paria, franchement. »

Seb m'envoya un texto pour me dire qu'il ne viendrait pas. Il avait développé une forte toux et préférait ne pas prendre le risque de nous refiler son infection, qu'il attribuait à la grippe saisonnière. « Vraiment dégoûté de pas pouvoir être avec vous, passe le bonjour à Jasmine ! On remet ça vite. »

Le serveur du resto n'était pas tranquille et avait l'air de trembler lorsqu'il vint prendre notre commande.

« Il y a pas mal de crainte, j'ai cru comprendre en allant aux toilettes tout à l'heure, murmura Jasmine dès que le mec eut le dos tourné. Pas mal de gens commenceraient à être malades en ville. Tu dois le savoir, c'est pas une zone avec une couverture vaccinale très élevée. Alors forcément, en tant que restaurateurs, ils flippent… »

Un autre serveur montrait des signes d'inquiétude dans la salle. « Ça va encore tomber », lâcha-t-il en regardant par la fenêtre. On pouvait se demander s'il faisait allusion au mauvais temps ou à autre chose, je préférais ne pas savoir.

Toutes les tables n'étaient pas occupées à l'intérieur, mais des plaques en plexiglas séparaient les quatre coins de la pièce. On se sentait tout à fait en sécurité sur le plan sanitaire. Pourtant, la tension montait.

Un couple installé à deux tables de nous nous regardait d'un sale œil ; peut-être parce que j'avais toussé plusieurs fois depuis mon arrivée.

« Ils sont un peu paranos », commenta Jasmine en attaquant son dessert.

Le gars du couple continuait à me fixer et n'arrêtait pas de remettre en place la grande plaque de plexiglas qui devait faire près de deux mètres de haut. Il avait peut-être peur qu'elle s'écroule.

« Monsieur, je vais vous demander de bien tousser dans votre coude, s'il vous plaît, me demanda un serveur en passant à notre table.

– Mais c'est ce que je fais, monsieur, je fais très attention depuis tout à l'heure. » On aurait cru un flic.

« Est-ce que je peux vérifier votre pass sanitaire, s'il vous plaît ?

– Mais je l'ai scanné à l'entrée du restaurant ! Et même une autre fois avant, lorsque j'ai effectué ma réservation. »

Jasmine était outrée.

« Monsieur, vous savez, nous avons parfois des fraudes, et en cas de doute, nous sommes habilités à procéder à des vérifications. Je vais vous demander votre pass. »

J'ouvris l'application sur mon téléphone et lui tendis le QR Code. Le mec scanna mon écran puis me fit un large sourire.

« C'est tout bon pour moi, vous pouvez continuer votre repas. Merci de votre collaboration. »

Jasmine était verte. « C'est quand même du n'importe quoi. »

Je ne savais même plus quoi penser, tant la situation devenait ingérable pour à peu près tout le monde : les restos risquaient la fermeture s'ils contrôlaient mal leurs clients, ou si un cluster se développait chez eux, et de notre côté, on essayait de continuer à sortir non seulement pour faire vivre les commerces, mais aussi simplement pour s'aérer. Or aucune légèreté n'était possible dans un tel contexte.

Cela avait abouti à un phénomène jusqu'alors impensable : la bureaucratisation des activités privées, et en particulier des loisirs. De fait, les sorties les plus anecdotiques comme celles à la piscine, au cinéma ou dans un bar s'étaient transformées en d'invraisemblables périples, qui supposaient un nombre incalculable de précautions et de vérifications préalables. Et comme les épidémies se développaient et même s'additionnaient, les mesures faisaient sans cesse l'objet d'ajustements et de renforcements, au point qu'elles devenaient incompréhensibles. J'avais pourtant toujours été un ardent défenseur du pass sanitaire, mais désormais, un grand nombre de dérives apparaissaient.

La gestion des risques était présente à tous les niveaux et n'incluait pas seulement la dimension sanitaire : en arrivant dans n'importe quelle rue, des caméras nous filmaient de tous les côtés pour « favoriser la sécurité des biens et des personnes ».

Comme le principe de l'élimination de tous les risques avait également irrigué le cerveau des start-up de paiement, lesquelles prospéraient, on envisageait de connecter automatiquement la commande du resto à un terminal bancaire, de façon à s'assurer que le client possédait bien la somme nécessaire sur son compte, avant qu'il puisse se taper sa part de tarte ou sa bouteille de rouge…

Dans ce monde de progrès, on essayait encore de vivre.

Novembre 2023. Le virus avait gravement muté, et même si le phénomène avait déjà été observé à de nombreuses reprises par le passé, l'inquiétude avait cette fois-ci pris une tout autre ampleur.

Du jour au lendemain, des Cherbourgeois avaient sombré dans la panique et s'étaient rués sur de nouveaux instruments de protection aussi barbares les uns que les autres : masques chirurgicaux renforcés, visières, visières avec masque, visières avec masque plus lunettes. D'autres, plus flippés encore, s'étaient réfugiés chez eux et n'osaient plus mettre le nez dehors, en attente d'une stabilisation de la situation épidémique.

Rien d'alarmant n'avait pourtant eu lieu. On avait effectivement observé une reprise de l'épidémie de Covid-19 avec une hausse des cas, des contaminations et des hospitalisations, mais nous y étions désormais habitués, et les chiffres n'avaient rien de particulièrement inquiétant. D'autant qu'avec les protocoles sanitaires, que tout le monde respectait à la lettre, et les vaccins, dont la plupart des gens avaient adopté l'usage, les risques de transmission à l'intérieur de la population s'étaient effondrés en un an.

Même à la maison, nous continuions à respecter la distanciation sociale et à éviter les embrassades. Contrairement au début de l'épidémie, le principe de précaution n'était plus un concept imposé, il était maintenant intégré à nos esprits et à nos comportements, sans qu'il soit besoin de recourir à la contrainte. Mais la population restait un ensemble d'humains, avec leurs forces, leurs faiblesses et leurs frayeurs. Et lorsqu'on avait annoncé qu'une nouvelle souche plus contagieuse du virus – parfois qualifiée de simple variant – frappait la Bretagne, plusieurs personnes avaient immédiatement fait le lien avec la recrudescence des toux qu'on avait l'impression d'observer dans la région. On n'avait pourtant pas établi de lien entre les deux phénomènes.

Virginie trouvait cette montée d'angoisse ridicule et dangereuse, dans la mesure où la peur contaminait vite les esprits – et souvent plus vite encore que le virus. « Faut arrêter la parano ! Y a toujours eu beaucoup de gens qui toussent en hiver ! »

Pour sa part, Alex attribuait le problème à la grippe saisonnière qui, malgré la focalisation compréhensible des pouvoirs publics sur le Covid, continuait de frapper chaque année. « Le Covid, le Covid, toujours le Covid ! Le reste n'a pas disparu, faudrait peut-être s'y intéresser deux secondes ! »

Dans les rues, l'environnement avait brutalement changé. Des masques jonchaient le sol un peu partout, les voitures roulaient comme des dingues, comme si la vitesse allait les sauver d'une quelconque contamination, et les gens changeaient de trottoir lorsqu'ils croisaient un autre humain. L'ambiance rappelait celle du début de l'épidémie de Covid, trois ans plus tôt. Sauf que cette fois-ci, la population était éduquée au problème des virus et des pandémies, elle anticipait donc avec plus de recul et, concrètement, avec plus de force.

C'est dans ce contexte que les masques à gaz avaient commencé, discrètement, à faire leur apparition dans la ville. Lorsque je faisais mon jogging, le soir, je croisais parfois des habitants qui en portaient, dans la mesure où, selon certains, plus la protection était large et épaisse, moins le risque de contamination était élevé.

Même si une partie substantielle de la population avait déjà contracté le virus, ou en tout cas s'était fait vacciner, on ignorait les conséquences réelles de la nouvelle souche, qui pouvait, semble-t-il, circuler dans l'air plus facilement. Face à ce phénomène, qui ne touchait pas que la France, le gouvernement n'avait pas souhaité prendre de nouvelles mesures, estimant que le respect des règles sanitaires et les vaccins offraient déjà un haut niveau de protection. Des collectifs dits « pessimistes » avaient tenté de réclamer des décisions de restriction au niveau des préfectures pour limiter davantage les déplacements, mais un arsenal d'interdictions était déjà en place depuis six mois : recours systématique à l'attestation pour pouvoir circuler, couvre-feu permanent, ouverture un jour sur deux des commerces non essentiels, par roulement, fermeture indéfinie des théâtres, des cinémas et des salles de sport. Alors on ne voyait pas très bien ce qu'on pouvait faire de plus, à part assigner à résidence la totalité de l'humanité.

À l'inverse de ce qu'il s'était passé au début de

l'épidémie, la palme revenait désormais aux mieux-disant : ceux qui voulaient imposer une quarantaine nationale de cent jours, ceux qui souhaitaient fermer les commerces, y compris « essentiels », en laissant les plateformes faire tout le travail, ceux même qui militaient pour une abolition complète de la liberté de circuler.

« Le monde devient fou ! disait Virginie lorsqu'elle rentrait de son bahut, après avoir donné ses cours à distance. Ils veulent nous tuer ! » L'expression, qui rien qu'à l'entendre me faisait toujours froid dans le dos, avait à l'époque été abondamment utilisée par les complotistes de tout poil pour dénoncer la politique du gouvernement. À présent, on disait ça du peuple lui-même, qui réclamait sans cesse de nouveaux tours de vis, au mépris des données scientifiques qui se voulaient plutôt rassurantes.

Les fameuses toux n'avaient en effet rien de général sur le plan national. Certaines régions connaissaient effectivement le phénomène dans des proportions diverses, mais d'autres ne l'observaient nullement. En réalité, c'était avant tout Cherbourg qui subissait ce qui était vraisemblablement dû à une méchante grippe saisonnière – rien de plus.

Dans ce contexte très tendu, les autorités politiques et scientifiques, tant locales que nationales, étaient sommées d'informer la population en temps réel, même lorsqu'il n'y avait rien à dire. Sauf qu'il était malaisé de faire la part des choses entre la circulation du Covid « standard », celle de ce qui pouvait correspondre à la nouvelle souche tant redoutée et celle de l'ordinaire grippe. Surtout que les signes de la maladie étaient, au moins en apparence, rigoureusement les mêmes : toux, fatigue, fièvre.

Les instances décisionnaires et les comités d'experts faisaient tout non seulement pour protéger la population, mais aussi pour éviter de prendre des mesures non nécessaires, ce qui leur avait été beaucoup reproché au début de l'épidémie. D'autant que chaque restriction supplémentaire occasionnait un coût pour les finances publiques – coût que la nation n'était plus en mesure de supporter, depuis que la dette avait atteint 250 % du PIB.

« Putain ! Mais quelle bande de tarés ! s'exclama Alex en rentrant à l'appart.

– Qu'est-ce qu'il s'est passé ? » lui demandai-je, inquiet. Il avait un œil au beurre noir.

« Des tarés, j'vous dis ! Des vrais tarés ! »

Il retira son manteau et alla se servir un verre d'eau.

« J'étais au bahut, au niveau secrétariat, plus précisément, je devais retirer mes résultats du premier semestre pour les transmettre à mon futur maître de stage. J'ai récupéré mon document, au calme, et là, en sortant, un type a commencé à m'insulter en me traitant d'irresponsable et de virus ambulant !

– Mais pourquoi, t'avais pas de masque ?

– Mais si, en plus ! Je l'avais, mon putain de masque, bien enfoncé sur la gueule, ça couvrait la bouche et le nez, putain de sa race !

– C'est dingue, mais il voulait quoi de plus ? C'est du délire.

– Comme tu dis ! »

Iris, qui nous avait entendus, arriva dans la cuisine.

« Oh ! Mon pauvre ! Mais qu'est-ce qu'il s'est passé ? T'avais pas de masque, c'est ça ?

– Si si, justement, c'est ce que je disais à David.

– Mais t'avais pas ta visière.

– Non, effectivement, je porte pas ce truc horrible, faut arrêter la parano !

– Ouais, je sais, mais effectivement, j'ai déjà eu des merdes avec ça. L'autre fois, j'étais aux Eleis, j'achetais une plante pour le balcon, et là, pareil, en sortant, une meuf m'agresse sur le mode : "Tu vas contaminer les autres !" alors que je portais mon masque. Il semblerait que la visière devienne indispensable pour eux.

– Mais c'est même pas obligatoire !

– Je sais, Alex. Mais tu sais bien, le discours du moment, c'est "le gouvernement veut nous laisser crever", donc t'as des tarés qui se disent qu'avec la nouvelle souche, faut redoubler de précautions. La demande de visières est dingue, vous imaginez pas, ça a bondi en quelques heures. J'suis bien placée pour le savoir, maintenant j'en vends sur mon site. »

Sur mon conseil, Iris avait transformé Nat'Event en une importante plateforme de dropshipping. La technique permettait de monter rapidement en puissance, puisqu'elle consistait à vendre des biens physiques sans les détenir soi-même en stock, grâce à des boutiques tierces basées aux quatre coins du monde. Elle s'était lancée quelques jours auparavant, et en une nuit, les ventes sur ce créneau avaient dépassé celles de l'activité originelle, les jeux sociaux en ligne. Iris surfait sur le formidable mouvement de panique qui avait brusquement jailli, et qui touchait Cherbourg en particulier. Et comme il y avait encore peu de concurrents dans le secteur, elle avait vite tiré son épingle du jeu. Le principe étant flexible – ajouter des listes de produits détenus par d'autres vendeurs indépendants –, il était possible d'augmenter chaque jour le nombre d'articles proposés, sans effort particulier. Iris utilisait un petit plugin facturé seulement 47 dollars par mois, qui permettait d'ajouter automatiquement à sa « *store* » des références proposées sur AliExpress, le célèbre mastodonte chinois. Et comme elle était très bien référencée sur Google, dès qu'on tapait « visière Cherbourg » ou « masque à gaz Cotentin », son site apparaissait parmi les premiers résultats, sans dépenses publicitaires.

« C'est Vegas ! » disait-elle souvent, lorsque je passais la voir dans sa chambre. Son compte Stripe – un fournisseur de paiement sur internet – avait explosé. Sa seule angoisse, c'était les délais de livraison, qu'il était, en raison du mécanisme même du dropshipping, impossible de maîtriser. « J'ai des clients qui gueulent, ils veulent recevoir leur merde en vingt-quatre heures, ils ont cru que j'étais qui ? Amazon ? »

J'avais mis France 3 Normandie pour suivre les dernières nouvelles. En dehors de la région du Nord-Cotentin, on n'observait toujours pas d'évolution marquante de la situation sanitaire, malgré les demandes insistantes de la population pour « revérifier » tous les chiffres. Il y avait effectivement une deuxième souche du virus en Bretagne, qui circulait activement. Mais rien ne laissait penser qu'il pouvait y avoir un lien avec ce que les Cherbourgeois observaient ou, selon certains experts, avaient plutôt « l'impression d'observer ». La peur semblait être au cœur de la dynamique de groupe, et si celle-ci avait des effets réels sur le territoire, elle n'était pas une source d'inquiétude pour les épidémiologistes. La science n'était pas affaire de psychologie.

Il y avait pourtant de quoi flipper en voyant les images de violence à l'écran. Certains commerces autorisés à travailler avaient été victimes de jets de pierres par des manifestants qui dénonçaient « l'irresponsabilité » des décideurs publics. Selon ces protestataires, il était scandaleux de laisser les habitants continuer à acheter des livres, des vêtements et même de la nourriture, alors qu'un nouveau variant du Covid se propageait un peu partout. La contestation était si forte qu'une épicerie avait même été incendiée. Le supermarché Leclerc où nous allions régulièrement faire nos courses avait installé des gardes armés à l'entrée de son magasin pour éviter les débordements. Cela rappelait la terrible période des attentats, en 2015. Sauf que là, les terroristes, c'étaient les gens ordinaires.

« Nous venons d'apprendre, selon de premières informations, qu'un marchand de journaux aurait été poignardé près du port de plaisance de Cherbourg, nous vous tiendrons au courant dès que nous aurons de plus amples renseignements à vous communiquer. »

Décembre 2023. La nouvelle souche du Covid était scrutée à la loupe par les experts du monde entier et nourrissait bien des interrogations. Elle était en effet porteuse d'un plus grand nombre de modifications génétiques que les autres isolats. Les spécialistes en virologie moléculaire surveillaient le variant de près et pensaient que son origine première pouvait provenir d'un individu immunodéprimé – c'est-à-dire infecté pendant une longue période de temps – dont l'organisme avait généré d'importantes mutations du génome. Ce n'étaient toutefois que des hypothèses et rien, toujours rien, ne pouvait être mis en rapport avec la recrudescence des toux que certains semblaient observer dans le Nord-Cotentin.

Face à la psychose, le succès d'Iris ne se démentait pas. Les ventes de matériel de protection, qui continuaient à augmenter, avaient des retombées bénéfiques aussi sur moi. Elle m'avait associé dès le départ à la création de Nat'Event et, en contrepartie, je l'aidais régulièrement pour sa compta et les relations avec les fournisseurs. Le succès était d'ailleurs tel que j'avais, au moins pour un temps, suspendu mon activité de coaching. Je n'étais pas très à l'aise avec l'idée de gagner ma vie de cette façon, mais le contexte national et international devenait si chaotique qu'il me semblait opportun de saisir l'occasion pour mettre de la tune de côté. La faillite complète du pays n'était pas à exclure. Des politiciens de premier plan l'annonçaient déjà dans certains médias. Sans gêne aucune.

Nous vendions ainsi des masques classiques, des visières, du gel hydroalcoolique, du savon spécial, des lunettes à larges verres, et même des combinaisons de protection – celles qu'on voit dans les films apocalyptiques lors des attaques chimiques. La plateforme humblement propulsée par WordPress enregistrait plusieurs dizaines de ventes par jour, ce qui était, pour une ministructure comme la nôtre, tout à fait substantiel. La demande la plus forte et en même temps la plus difficile à honorer était celle des masques à gaz. Pourtant, nous ne cessions de répéter aux clients qu'ils étaient superfétatoires pour lutter contre le Covid, fût-ce son variant plus agressif. Mais la crainte était si grande chez certains qu'on nous proposait parfois plusieurs milliers d'euros contre la garantie d'une livraison. C'était la porte ouverte à tous les abus.

Dans les rues, la violence des contestataires, dont le nombre continuait à augmenter, s'était trouvée renforcée quand des experts avaient expliqué, maladroitement, que le vaccin pouvait perdre « une partie » de son efficacité face à la nouvelle souche. C'en était trop, et certains habitants, qui auraient bien voulu enfermer la totalité de la population française à double tour pour supprimer toute circulation, s'en prenaient désormais aux bâtiments publics. Des bureaux de poste, des centres de Sécurité sociale et même des hôpitaux avaient ainsi été attaqués, accusés d'ouvrir leurs portes « aux quatre vents » et de mettre « le peuple entier en danger ».

Le mouvement ne touchait pas seulement les zones où la nouvelle souche du virus avait été identifiée, il se répandait sur tout le territoire, même dans les régions qui n'avaient jamais connu d'épidémie importante depuis l'origine. L'objectif des contestataires était clair : il fallait boucler le pays en attendant la disparition totale du virus à la surface de la planète. Sauf qu'une telle situation pouvait très bien ne jamais se produire selon les experts les plus reconnus.

Pour juguler le problème, le gouvernement ne pouvait plus utiliser l'arme de l'état d'urgence sanitaire, puisque celui-ci était déjà activé depuis longtemps. Il envisageait dès lors de faire voter une nouvelle loi d'exception, pour lutter non plus seulement contre la propagation du virus, mais contre la propagation de la violence des prorestrictions.

Au sein du lycée où travaillait la mère d'Alex, les avis étaient mitigés. Un groupe minoritaire trouvait les demandes des manifestants tout à fait exagérées, car non étayées par des données scientifiques solides, mais un groupe majoritaire se prononçait désormais en faveur d'un renforcement des interdictions, avec notamment une généralisation totale de l'enseignement à distance, tant dans le primaire que dans le secondaire. Seules les maternelles devaient pouvoir continuer à fournir une éducation « à l'ancienne » aux plus jeunes. Au milieu de ça, Virginie se sentait surtout confuse.

Alex était pour sa part farouchement hostile aux prorestrictions. Depuis qu'il avait été agressé en sortant de son bahut, il se déchaînait contre eux sur les réseaux sociaux. Lui qui pourtant détestait ça, il s'était créé un compte Twitter et toute la journée, il répondait aux ultras qui exigeaient partout dans le monde une fermeture des lieux publics, des commerces, et même des rues dont certaines devaient être interdites pour obliger les gens à ne se déplacer qu'à l'intérieur d'une zone limitée. Et ce, « pour toujours ».

Les États ne savaient que faire, car la plupart des démocraties ne voulaient pas restreindre des libertés dans le seul but de calmer des pulsions de peur. Mais des « souverainistes durs » considéraient que même en l'absence d'une remontée de l'épidémie, les interdictions devaient être mises en œuvre au nom de la légitimité du peuple, avec notamment une fermeture des frontières. Ceux-là mêmes qui, deux ans auparavant, s'étaient montrés farouchement hostiles aux mesures sanitaires lorsqu'elles s'imposaient exigeaient désormais l'inverse, malgré les dernières données scientifiques.

L'opportunisme électoraliste avait quelque chose d'ignoble, mais il séduisait les masses un peu plus chaque jour. Dans ce contexte invraisemblable, des gouvernements peu scrupuleux étaient en passe de céder auxdites revendications qui, fort heureusement, ne pouvaient être envisagées en France, du fait du droit communautaire. Car, si l'Union européenne était toujours vertement critiquée, par tous les camps possibles et imaginables, elle avait néanmoins l'avantage de protéger les libertés individuelles et collectives, pour que des dérives populistes n'atteignent pas le cœur du modèle démocratique. Elle avait cependant des pieds d'argile, cette union, et une masse croissante de personnes voulaient la détruire.

Dans notre quotidien, l'appart n'était plus tout à fait le sanctuaire qu'il avait toujours été depuis notre arrivée à Cherbourg. Virginie et moi restions relativement en dehors des polémiques, mais Iris et Alex s'affrontaient régulièrement à l'occasion des repas. Pour elle, la peur était un sentiment légitime qu'on ne devait pas discuter et qui pouvait, le cas échéant, se matérialiser par l'achat de matériel de protection ; pour lui, l'activité de Nat'Event incarnait exactement ce qu'il ne fallait pas faire, en prospérant avec perversité sur une angoisse irrationnelle. Sauf que les recettes de la boîte, somme toute très modérées lorsqu'on défalquait l'ensemble des frais, mettaient du beurre dans les épinards. Alex n'avait pas de revenus, et comme Virginie avait vu son salaire baisser depuis la crise, elle n'était plus en mesure de l'aider. C'était donc Iris qui faisait en grande partie tourner la baraque, grâce aussi à l'aide technique que je lui apportais.

C'était samedi et nous avions prévu de faire du poisson pour le déjeuner. Virginie était partie passer le week-end chez une vieille copine, qu'elle avait connue lorsqu'elle étudiait à la fac.

La veille, Alex avait bossé comme un dingue pour terminer un dossier en « marketing direct ». Comme nous partagions la même chambre, je connaissais son rythme de vie, je l'avais entendu se coucher vers les trois heures du matin.

Iris épluchait les pommes de terre dans la cuisine.

« Qu'est-ce qu'il fout, l'autre ? me demanda-t-elle d'un air énervé.

– Bah il dort, je crois, il s'est couché tard hier. »

Il n'était que dix heures du matin.

« Faut aller chercher le poisson, tu sais. Ce serait bien que tu y ailles avec lui, qu'il participe un peu aux frais de temps en temps !

– Oui, enfin, tu sais, c'est bon, je peux payer. Ça va pas chercher loin de toute façon.

– Faudrait quand même pas qu'il en profite trop !

– Mais c'est bon, j'te dis, il doit être défoncé, il avait un gros dossier à terminer pour ses cours.

– Toujours une bonne excuse pour pas participer aux frais !

– T'es dure. Il donne plein de cours particuliers sur Skype et il a payé toutes les courses la semaine dernière. Il a même pas voulu que je participe.

– Bah c'est normal, aussi ! »

Je partis chercher le poisson à la galerie marchande qui se trouvait à une quinzaine de minutes à pied du HLM. Le temps était clair, et à cette heure-ci, les visières et les masques à gaz n'étaient pas encore de sortie. Du moins, il y en avait moins que d'habitude.

« Voilà, tiens Iris, j'ai pris de la dorade, c'était en promo, en plus, dis-je en revenant à l'appart.

– T'en as eu pour combien ? me demanda-t-elle en cherchant le ticket de caisse d'un air suspicieux.

– Moins de vingt euros, t'inquiète pas, ça allait.

– Quand même ! Y a intérêt à ce que tu lui demandes de te rembourser au moins une partie, à l'autre.

– J'suis quand même pas à dix euros près, Iris. On a fait

combien de chiffre d'affaires, hier ? Trois cent cinquante euros ?

– De chiffre d'affaires, oui ! Mais de profit ? T'es au courant de ce qu'il faut enlever, après ? Les achats de marchandise, les frais de pub, les coûts de la plateforme, les charges sociales, et aussi les...

– Je sais, c'est moi qui fais la compta. »

Alex se leva un peu avant onze heures.

« Salut les amis ! dit-il joyeusement en se servant un café.

– Tu peux te pousser un peu, s'il te plaît ? lui demanda Iris d'un ton sec.

– Tu prépares déjà le déjeuner ?

– Oui, on prépare déjà le déj ! Parce que cet aprèm, moi, tu vois, je bosse !

– Oh là là, m'agresse pas comme ça dès le matin, j'ai travaillé jusqu'à pas d'heure hier soir, suis explosé... »

Il partit dans le salon boire son café et alluma la télévision. Iris, qui s'agitait sur place – il n'y avait rien d'autre à faire que d'attendre la cuisson du plat –, était en train de bouillir.

« Mais calme-toi, pourquoi t'es stressée comme ça ! Relax !

– Oh, ça va, toi, la ferme. »

Alex revint dans la cuisine quelques minutes plus tard pour laver sa tasse à café. Il était onze heures trente à peine.

« Tu peux apporter ça sur la table du salon, s'il te plaît ? lui demanda Iris, toujours énervée.

– Euh oui… bien sûr, attends, je termine juste de nettoyer ça. »

Il apporta la corbeille de pain dans le salon puis, au moment où il s'apprêtait à aller prendre sa douche, Iris l'intercepta dans le couloir :

« Non, maintenant, t'es gentil, tu vas aussi me rapporter la bouteille vide qu'il y a sur la table à manger, merci ! »

Ne comprenant pas trop pourquoi elle lui parlait comme ça, il s'exécuta. Elle le regarda faire et, lorsqu'il retourna de nouveau dans la cuisine pour poser l'objet dans la poubelle à verre, elle s'écria :

« Ça va, t'es pas trop fatigué, quand même ! Hein, depuis qu'on est là, c'est bon, je crois qu'on t'a pas trop sollicité !

– Quoi ?!

– Monsieur dort jusqu'à midi pendant qu'on fait la popote ! Hein ! Ça va, je pense que tu profites plutôt bien !

– Me fais pas chier Iris, c'est quoi le problème ?

– Y a David qu'est allé acheter du poisson ce matin, t'es au courant ?

– Quoi ? Mais je t'ai dit que j'avais bossé tard, tu vas quand même pas me saouler pour quinze balles ! Je me lève à sept heures tous les matins, je bosse comme un chien, je donne des cours jusqu'à pas d'heure, y compris le weekend, alors je crois que je fais ce que je peux !

– Bah écoute, si t'es pas content, tu t'en vas ! Personne te retient !

– Arrête Iris ! lui dis-je en élevant la voix.

– Toi, ta gueule. Mais Alex, hein, si ça te plaît pas, vas-y ! Tire-toi !

– J'te rappelle qu'à la base c'est l'appart de ma tante, t'es au courant ? Va falloir te calmer.

– Ouais, à la base, c'est ça ! Mais comme maintenant c'est moi qui paye tout, c'est un peu le mien, tu vois. Alors pour la troisième fois, si t'es pas content, tu te casses !

– Mais tu vas la fermer, ta grande gueule ? Madame la youtubeuse dépressive qu'est obligée de vendre des masques hors de prix à des tarés de flippés, t'as pas honte ?

– Ah ! Mais t'es bien content de les avoir, mes masques, vu le pognon que ça rapporte !

– Oui, ça rapporte, ça rapporte, on sait, t'es tellement maligne, tellement géniale, tellement honnête, aussi ! Toujours à vouloir ramener la couverture à toi, à t'engouffrer dans la moindre brèche pour te mettre en avant et spéculer ! Ah, ça, tu sais faire !

– Qu'est-ce que tu racontes ?! Me mettre en avant ? Mais j'hallucine ! T'étais bien content de me trouver pour ton dossier galère, tes problèmes d'éoliennes et toutes ces conneries, t'étais bien content de m'avoir pour défendre ta cause !

– Oui, oui, on sait, t'es tellement exceptionnelle, c'est vrai que personne ne sait tourner une vidéo avec son smartphone, ça requiert le talent de Tarantino, c'est bien connu !

– Pauvre connard !

– Parce que tu crois que je l'ai pas compris, ton manège, depuis le temps ? Toutes ces lettres, hein, ces soi-disant menaces de mort que tu recevais et que t'écrivais parfois toi-même !

– Quoi ?! Mais t'es complètement taré, faut te faire interner, sale merde !

– Ah bon ? C'est moi qui suis taré ? Je dis pas que t'as pas reçu des courriers à l'époque, je dis pas que y a pas eu des dingues devant la maison qui te traitaient de tous les noms. Et j'te rappelle au passage que je t'ai toujours soutenue, là-dessus ! Mais le reste, hein ? Le reste ! Tu crois qu'on va gober tes retournements de veste jusqu'à la fin ?

– T'es devenu complètement taré ! Aussi taré que tous ces gens que tu dénonçais hier ! »

Il tourna les talons et partit en direction de sa chambre. J'essayai de calmer le jeu, mais Iris ne m'adressa pas un regard. J'avais comme l'impression qu'il fallait les laisser s'entre-tuer.

Alex revint dans la cuisine quelques minutes plus tard. Iris était furieuse.

« C'est quoi, ça ? » dit-il en montrant une sorte de prospectus dont l'aspect me rappelait vaguement quelque chose.

Il s'agissait des lettres anonymes qui avaient été envoyées à des habitants de Ruffosses plusieurs mois auparavant. Celles qui traitaient Iris de sataniste et qui faisaient d'elle une complice des Illuminati, photos à l'appui. Cette histoire m'était sortie de la tête, depuis le temps.

« Alors maintenant, ça dit quoi, hein ? T'es une pourrie, Iris, j'suis désolé de le dire mais c'est la vérité, t'es une pourrie ! Je dis pas que t'as pas été insultée, à l'époque, par tous ces dingues qui te menaçaient, mais t'as rajouté de l'huile sur le feu ! Et pour quelle raison, hein ? T'as une explication ? Tu dis plus rien, parce que c'est inavouable ce que t'as fait, t'as profité de la situation pour l'envenimer avec ton talent de manipulatrice, pour exciter les gens et te faire passer pour une victime ! Tu crois vraiment que c'était nécessaire de faire ça, alors que tous ces fous étaient déjà sur nous ? Envoyer des fausses lettres aux gens, nan mais quel genre de maboule peut faire un truc pareil ? T'as entretenu la haine, alors que tu prétendais la combattre ! »

Iris était sur le point de s'effondrer. Mais elle ne voulait pas perdre la face.

« Oui, connard, je l'ai fait ! Et alors, ça change quoi ? J'ai voulu attirer l'attention sur le problème, l'envenimer, comme tu dis, pour qu'on en parle, crétin ! Monsieur est toujours plus blanc que blanc, mais c'est pas comme ça que marche le monde, j'te signale ! C'est pas comme ça que tu buzzes, désolée ! Parfois, quand tu veux quelque chose, faut te battre, et effectivement tous les coups sont permis, j'ai pas peur de le dire ! Tu connais le monde dans lequel on vit ? Toute façon, ça n'avait rien changé, je recevais déjà des menaces de mort, toi aussi d'ailleurs, alors c'était quoi, mon truc ? Une goutte d'eau. Et je te trouve bien indulgent envers ces charos ! À ce que je sache, ils étaient parfaitement en mesure de ne pas y croire, à cette connerie pour débiles, mais c'est l'inverse qui s'est passé, parce qu'ils étaient tellement enragés qu'ils auraient utilisé n'importe quoi pour pouvoir nous descendre et décrédibiliser notre cause ! J'te rappelle qu'ils m'accusaient même d'avoir apporté la maladie à Ruffosses, t'as la mémoire bien courte ! Si on a fait autant de polémiques, j'te rappelle que c'était avant tout pour défendre l'honneur de ton père ! Quel beau message tu lui envoies en me reprochant maintenant d'avoir fait tout ça ! »

« Mais qu'est-ce que vous faites à vous écharper comme ça ?

– Maman, qu'est-ce que tu fais là ?

– Vous avez des masques à gaz ? »

Une fuite de tritium avait été observée à la centrale de Flamanville, située à seulement une vingtaine de kilomètres à l'ouest de Cherbourg. L'information, que l'exploitant avait longtemps voulu garder secrète, avait fini par sortir dans *Ouest-France*, puis dans des médias nationaux qui s'étaient emparés du dossier.

Il ne s'agissait pas d'une fuite importante. L'Autorité de sûreté nucléaire (ASN) avait transmis un communiqué plutôt rassurant, qui expliquait que l'incident était sous contrôle et que l'opérateur faisait tout son possible pour que le problème soit résolu « au plus vite ». Mais dans un contexte déjà explosif, les Cherbourgeois firent immédiatement le lien avec la recrudescence des toux qu'on observait chez un nombre croissant de personnes dans la région.

Le gouvernement s'était voulu plutôt rassurant, mais avait d'emblée appelé les habitants qui vivaient à moins de trente kilomètres de la centrale à prendre des comprimés d'iode, quant à ceux qui étaient domiciliés à moins de dix kilomètres, ils devaient se mettre à l'abri. Et ce, pour quarante-huit heures au moins, afin qu'on puisse s'assurer que tout était « rentré dans l'ordre ».

La plupart des gens étaient terrifiés, surtout ceux qui se trouvaient dans le voisinage proche de la centrale. « On va tous être irradiés ! », « C'est la mort programmée ! », entendait-on à la radio, au micro des journalistes qui faisaient passer des témoins sur leurs antennes.

Des fuites de tritium avaient déjà été enregistrées par le passé, notamment au Tricastin, où des taux anormalement élevés avaient été relevés dans l'eau située sous la centrale, à hauteur de 1150 becquerels par litre. L'incident avait eu pour origine une fuite dans la tuyauterie d'un réservoir d'effluents. Pour le coup, le danger avait été limité, dans la mesure où le bâtiment était construit sur une enceinte enterrée de murs de béton, eux-mêmes posés sur des marnes imperméables. Une eau contaminée ne pouvait donc théoriquement pas s'échapper dans la nature, y compris dans les nappes phréatiques.

Mais Flamanville n'était pas n'importe quelle centrale : il s'agissait de celle qui abritait l'EPR, un type de réacteur nouvelle génération à eau pressurisée, qui avait déjà fait couler beaucoup d'encre en raison de ses multiples retards et des impressionnants surcoûts qui leur avaient été associés. Longtemps repoussée, la mise en service était finalement intervenue en novembre 2023, c'est-à-dire seulement quelques semaines auparavant.

Tous les regards étaient dès lors braqués sur Flamanville-III, que l'association Greenpeace surnommait « le réacteur le plus dangereux du monde », en raison de sa puissance et de l'utilisation d'un combustible particulier au plutonium. Plusieurs failles de sécurité avaient été décelées bien avant sa mise en service, avec des possibilités d'intrusion, de sabotage et de vol de matières radioactives, mais aussi des bétons fissurés, des soudures défectueuses et des fragilités au niveau du couvercle de la cuve. Le projet, impressionnant et ambitieux, paraissait surtout maudit.

On entendait déjà crier dans les rues, près de notre immeuble. « Les gens vont péter des câbles, putain », déplorait Alex, qui regardait par la fenêtre une nana en train de courir. Celle-ci avait dû apprendre la nouvelle et se précipitait chez elle, totalement affolée.

Nous nous trouvions à près de vingt-six kilomètres de Flamanville et n'étions donc pas dans la zone la plus à risque. Mais le doute était permis, dans la mesure où personne n'arrivait à savoir si la fameuse toux était véritablement liée ou non à la fuite. Pour l'ASN, le lien semblait « peu probable » si l'on se fiait aux informations transmises par l'exploitant, le tritium n'ayant normalement pas quitté l'enceinte du bâtiment.

L'ennui, c'est qu'on sentait bien que les personnes en charge du dossier n'étaient pas à l'aise, dans la mesure où il était très compliqué, à ce stade, de faire la part des choses entre les malades du Covid, ou d'autres virus, et les éventuelles victimes de la fuite. En effet, la toux – et parfois le saignement de nez – faisait partie des symptômes possibles à la suite d'une irradiation. Alors personne ne confirmait ou n'infirmait totalement.

Au niveau strictement politique, c'était encore pire, les ministres, et dans une moindre mesure le président, étant eux-mêmes terrifiés à l'idée de voir un jour leur responsabilité personnelle engagée. Autrefois, ce risque paraissait quelque peu artificiel, mais depuis la crise du Covid, il était pris extrêmement au sérieux et occasionnait, par voie de conséquence, des prises de parole très prudentes :

« Nous tiendrons les populations informées dès que les investigations nécessaires auront été menées », « Nous aviserons les personnes concernées de la démarche à adopter dès que nos propres renseignements seront sûrs et fiables. » La précaution était devenue exagérément précautionneuse.

« Qu'est-ce qu'on fait ? nous demanda Virginie, qui s'inquiétait grandement.

– Honnêtement, maman, je pense que les gens en font des caisses, c'est quand même pas Fukushima, on va pas mourir dans l'heure.

– Personne ne dit ça, abruti.

– Bon, Iris, recommence pas, s'il te plaît ! m'exclamai-je. C'est franchement pas le moment de vous embrouiller. »

Nous n'étions pas obligés de nous mettre à l'abri, mais Virginie considéra que c'était plus prudent d'attendre le délai de quarante-huit heures avant de ressortir de l'immeuble. Tout le monde était d'accord, d'autant que ce n'était pas comme si nous ignorions ce que c'était, le confinement. C'était d'une certaine manière devenu un mode de vie.

Alex avait vérifié que toutes les fenêtres étaient hermétiquement fermées et Virginie s'était assurée qu'il n'y avait pas de vêtements ou d'objets mouillés qui venaient de l'extérieur. « On sait jamais », disait-elle en inspectant les chaussures et les manteaux pendus dans l'entrée. Car l'un des vecteurs de transmission de la radioactivité, c'était l'eau.

La mise à l'abri ressemblait en tout point au principe du confinement, sauf que sa logique sous-jacente différait :

dans le deuxième cas, il s'agissait d'éviter avant tout les interactions sociales, du fait de la contagiosité de la maladie ; alors que dans le premier, qui nous occupait désormais, l'objectif était de se planquer dans un lieu en dur, fenêtres et ventilations fermées, et l'on pouvait théoriquement continuer à avoir des contacts avec autrui. Dans notre situation, les deux concepts se superposaient, ce qui aurait pu sembler comique si les conséquences qu'ils induisaient n'étaient pas spectaculairement terrifiantes.

Nous nous étions tous assis dans le salon, les yeux rivés sur la télévision. Les nouvelles n'étaient ni bonnes ni mauvaises, elles se contentaient de tourner en boucle : « Étrange fuite radioactive à la centrale de Flamanville, nos experts tentent de nous éclairer sur ce possible nouveau drame sanitaire. »

« Ha, ha ! m'esclaffai-je en observant le visage faussement empathique de la journaliste.

– Ça te faire rire ?

– Oh, c'est bon, Iris. Pète un coup. Je trouve juste la situation ubuesque.

– C'est pourtant bien réel, ajouta Virginie, sans quitter l'écran des yeux.

– Je sais bien. C'est cette vie entière qui ressemble à une mauvaise blague. J'ai l'impression qu'on a programmé un logiciel pour nous abattre les uns à la suite des autres. Comme dans un jeu vidéo.

– Sois pas con, David.

– Alex, t'es pas d'accord avec moi ? J'veux dire, je sais bien que tout ça est vrai, le tritium, ou ce que vous voulez, je m'en bats les couilles. C'est seulement que mon cerveau n'arrive plus à suivre. Sérieusement, vous arrivez à tenir, vous ? Je suis pas un rat de laboratoire, putain, j'en peux plus de ces histoires ! On va nous sortir quoi demain ? Une attaque chimique des Russes ? Une invasion extra-terrestre ? Michael Jackson qui sort de sa tombe pour venir nous refaire la choré de *Thriller* ? Putain ! Mais c'est quoi cette vie, bordel de merde ! C'est quoi, cette vie ! J'ai fait une prépa, j'ai passé un concours, j'ai intégré une grande école, j'ai bossé comme un porc, vraiment comme un porc, puis j'ai fait des stages, des CDD, et j'ai décroché un CDI après trois mois de période d'essai, et renouvelable, s'il vous plaît ! Après, j'avais enfin mon putain de contrat, j'ai pu prendre un crédit sur vingt-cinq ans pour un appart à la con, dans un quartier à la con, avec de la pisse et des seringues dans mon escalier ! Mais je me plaignais pas, hein, je me plaignais pas, parce que évidemment j'étais un privilégié ! C'est vrai que bosser cinquante heures par semaine pour deux mille balles, avec presque la moitié qui part dans un crédit, c'est une putain d'existence de riche ! Je me suis soumis à toutes ces conneries, ces conventions sociales, ces idées de merde, pour avoir des potes, ne pas paraître trop chiant ou rabat-joie, et baiser de temps en temps ! Je me suis toujours plié à tout, aux ordres débiles de mon boss, aux moqueries de mes soi-disant collègues, aux agressions de mon chef d'équipe ! J'ai tout avalé, tout gardé pour moi, parce que c'est pas bien vu, de nos jours, de parler de ses problèmes ! C'est même tout de suite suspect ! J'en aurais bien parlé à un psy, moi, un freudien ou un lacanien, mais j'avais même pas les moyens de m'en payer un ! Alors j'ai tout gardé pour moi, j'ai tout intériorisé, et quand ça allait vraiment mal, je matais du porno, ou je picolais, pour surtout pas déranger qui que ce soit ! Après y a eu le Covid, et d'autres maladies, j'ai fermé ma gueule, parce qu'il faut pas ouvrir sa gueule, hein, j'ai écouté, sagement, et j'ai compris, les risques, les restrictions, tout ça ! Je suis pas débile ! J'ai compris ce qu'il fallait faire, pas faire, refaire, pas refaire ! Je connais les lieux autorisés, les interdits, les semi-interdits ! Je pourrais te faire un putain de schéma avec un plan de la ville pour te montrer, si tu veux me tester ! Je suis un mec responsable, je crois, je fais pas chier, je vote, je paye mes impôts, je donne pour les ONG, je souris même aux gens qui m'agressent dans les transports, parce qu'il faut toujours sourire, bien sûr ! Ne rien dire ! Tout ça, je veux bien le faire, je sais que c'est pour le bien de tout le monde, des autres, de mes proches, de bla, de bla, de bla, je sais que tout le monde fait ce qu'il peut, que y a pire que moi, que y a même bien pire que moi, d'accord, d'accord ! Mais maintenant, qu'est-ce que je fais ? J'attends ? J'attends où ? J'attends quoi ? J'attends pour quoi ! On va se regarder en chiens de faïence jusqu'à la fin de nos jours, les gars ? Ou peut-être qu'on aura le droit de faire quelque chose avant qu'on se jette tous par les fenêtres ? Qu'est-ce qu'il y a à faire de mieux maintenant ? Hein ? Qu'est-ce qu'on peut faire de mieux que de débarrasser le plancher pour faire place nette ?! Prenez tout ce que j'ai, de toute façon, il me reste rien ! »

Sur le moment, j'aurais eu envie de me foutre à poil et de partir en courant en direction de la centrale de Flamanville en espérant qu'il pleuve. Comme ça, pour voir.

« Va dormir, David, t'as l'air crevé. Toute façon, on va devoir glander pendant deux jours, alors autant prendre son mal en patience. J'te prendrais bien dans mes bras pour te faire un gros câlin, mais tu sais bien qu'on n'a pas le droit...

– Merci Virginie. T'es gentille. T'as raison... J'vais peut-être aller me coucher. »

La fuite ne fut pas stoppée, et quarante-huit heures plus tard, les évasions de substances radioactives commencèrent à se propager dans la nature via les nappes phréatiques. Et même dans l'air. L'exploitant n'avait pas transmis en temps utile toutes les données à l'ASN qui, par conséquent, avait agi avec retard.

L'état d'urgence radiologique fut déclaré, et les autorités activèrent le plan prévu en cas de catastrophe nucléaire. On craignait un nouveau Tchernobyl, et même s'il existait plusieurs strates de sécurité avant que le pire n'arrive, l'EPR présentait une dangerosité toute particulière, du fait de sa puissance et de l'absence de recul qu'on avait sur ce type de réacteur.

La France entière était désormais focalisée sur la ville de Cherbourg, même si les journalistes avaient interdiction de se rendre sur place du fait de la radioactivité du site. De nombreux habitants étaient interviewés par téléphone, y compris dans notre propre immeuble, pour essayer de rendre compte de ce qu'il se passait concrètement.

« On nous a distribué de l'iode en urgence, mais on sait

que c'est reculer pour mieux sauter ! La seule solution, c'est l'évacuation. »

La population s'était spontanément mise à l'abri dans les logements, mais tout le monde savait qu'avec des niveaux de radioactivité aussi élevés que ceux qu'on enregistrait la contamination pouvait se faire très facilement : une fenêtre pas assez étanche, un conduit d'aération, de l'humidité sur des vêtements ou des objets risquaient d'entraîner des conséquences irréversibles. Et pour ceux qui se trouvaient au plus près de la centrale, les radiations, du fait de l'intensité des rayonnements ionisants, étaient susceptibles de causer la mort.

Les cris qu'on avait déjà entendus quelques heures auparavant s'étaient transformés en d'abominables hurlements, en particulier dans les rues où des gens couraient dans tous les sens, à la recherche d'un abri plus fiable. « C'est la fin du monde ! Cherbourg va disparaître ! »

À l'appartement, un étrange calme s'était abattu sur nous, lorsque nous avions appris la nouvelle sur BFM. On ne s'était même pas parlé, même pas regardés, même pas aperçus. Chacun de nous s'était soudainement enfermé dans un parfait mutisme, comme si nous attendions la fin.

« S'il y a une évacuation, allez-y, les jeunes, nous avait dit Virginie. J'ai déjà abandonné la ferme, j'aurai pas la force de tout quitter une nouvelle fois. »

Personne n'avait eu le courage de lui répondre.

Alex et moi vérifiions régulièrement que les fenêtres étaient bien fermées, et nous avions calfeutré toutes les entrées d'air, en particulier dans les toilettes et la salle de bains. Mais il s'agissait d'un vieil immeuble avec du simple vitrage et les joints des menuiseries étaient tous en piteux état. Alors nous avions tenté de consolider l'ensemble en mettant du scotch et des bouts de carton qu'on avait trouvés dans le placard. Les volets, quant à eux, étaient inexistants.

Dans l'appart d'en dessous, les gens pleuraient, même le gros bonhomme de cinquante ans qui devait faire plus de cent kilos. On ne le voyait pas, mais rien qu'en l'imaginant, on pouvait saisir l'ampleur de sa détresse. C'était comme un ours qui agonisait.

Étrangement, nous n'avions pas peur, tous les quatre. Peut-être était-ce dû aux drames passés que nous avions vécus, mais j'avais surtout la sensation que nous nous protégions les uns les autres. D'une certaine façon, nous ne faisions qu'un. Pourtant, Virginie n'était pas notre mère, à Iris et moi, ni Alex, notre frère, sauf que c'était tout comme. L'épisode de Ruffosses avait eu sur nous l'effet d'un accélérateur d'amour et de solidarité, tant et si bien que nous nous sentions liés pour l'éternité, et préparés à partir ensemble. Je n'aurais jamais imaginé ressentir ça un jour.

La vie ne triomphait jamais de la mort, c'est la mort qui triomphait de la vie.

Iris continuait imperturbablement son activité de dropshipping, devant nos yeux hagards. Elle avait installé son laptop sur la petite table du salon, à côté de nous, et gérait ses commandes comme en temps normal. « Ça me calme », disait-elle sans sourciller.

L'argent n'était pas un moteur pour elle, contrairement à ce que j'avais longtemps pensé. C'était l'activité, autrement dit le mouvement lui-même, qui la motivait. Elle savait que l'inaction, à quelque niveau que ce soit, entretenait un lien direct avec l'empire de la mort.

Elle continuait à vendre des gels hydroalcooliques à des personnes vivant à l'autre bout de la France, qui ne se rendaient pas compte de la chance qu'elles avaient de n'être préoccupées « que » par le Covid. Elle proposait aussi ses masques habituels et, depuis quelques heures seulement, des pastilles d'iode destinées aux gens de la région. Elle ignorait cependant si les colis allaient effectivement pouvoir être livrés, puisque tous les échanges avec le Nord-Cotentin avaient été totalement arrêtés. « Au moins, ça les fera se sentir mieux. Ils pourront se dire : c'est bon, je vais survivre, ma dose d'iode arrive bientôt. Si ça peut les aider. »

La situation devenait hors de contrôle, et même si l'on ignorait toujours si l'EPR avait été ou non impacté, les deux autres réacteurs, eux, subissaient d'importantes fuites, et vu le temps qui s'était déjà écoulé depuis le début de l'incident, on savait désormais avec certitude que la zone allait être massivement irradiée.

« J'aurais jamais imaginé un truc pareil ! s'écria Virginie en sanglotant. À l'époque, avec Jérôme, nous étions même favorables à l'EPR, et à l'énergie nucléaire en général. Il faut dire qu'on avait une si mauvaise expérience des éoliennes qu'on se disait qu'il valait mieux implanter des centrales chez nous… Comment est-ce qu'on a pu laisser ça ? J'me souviens encore que Greenpeace, y a quelques années, avait alerté sur les problèmes au niveau des soudures et du couvercle de la cuve, pourquoi ne les a-t-on pas écoutés ? Ce réacteur invraisemblable, cette folie humaine qui a coûté des dizaines de milliards, pour quoi faire ? Fallait impressionner le monde, comme d'habitude, avec cette espèce de logique viriliste surannée, pour dire "voilà, regardez comme nous sommes gros, comme nos muscles sont massifs, comme nos machines sont impressionnantes" ! La folie de l'homme, cette obsession de l'efficacité, de la puissance, de l'expansion, pour imposer je ne sais quel genre de domination ! On est contents, maintenant, on a bien réussi notre coup, ils vont les avoir, leurs gros titres ! Là, c'est bon, l'EPR, tout le monde va savoir ce que c'est, du fin fond de la Creuse jusqu'au sommet de l'Himalaya ! Salopards d'impérialistes, d'économistes, de capitalistes corrompus jusqu'aux os ! On ne sera peut-être plus là pour vous le dire, mais vous pouvez être sûrs que plus personne ne vous fera jamais confiance ! Plus personne ne vous accordera la moindre crédibilité, la moindre sincérité, la moindre loyauté ! Vous roulez pour qui, fumiers ? Pour le peuple ou pour votre gloire ! Pour la démocratie ou pour vos indemnités ! Pour les gens ou pour votre bite ! Vous n'irez pas en enfer, car vous y êtes déjà ! »

Elle s'effondra sur le sol. Alex se précipita sur elle pour la relever mais elle avait perdu connaissance.

« Maman ! Maman, qu'est-ce que tu nous fais ? Maman ! Réveille-toi, bordel, réveille-toi ! »

Il lui fit un massage cardiaque pendant que j'essayais de joindre les pompiers. Mais les secours ne se déplaçaient plus, « jusqu'à nouvel ordre ».

« Maman, bordel ! Maman ! » Il lui filait des claques tout en continuant à la masser. Elle faisait un arrêt cardiaque.

« Tu vas te réveiller ! Maman ! Tu vas te réveiller ! Fais-le pour moi, pour Jérôme, réveille-toi maman ! Réveille-toi ! Réveille-toi ! »

C'était fini.

L'évacuation commençait à s'organiser. D'abord effectuée à titre volontaire, elle était désormais imposée par les autorités qui essayaient ainsi de limiter l'impact sanitaire et, concrètement, les pertes humaines. Mais il y avait des dizaines de milliers de personnes à déplacer, et relativement peu de routes pour accéder à la zone.

Le gouvernement fit donc envoyer des avions et des bateaux militaires pour récupérer les rescapés. L'Angleterre dépêcha plusieurs navires pour assister l'opération de sauvetage, que le monde entier observait via Twitter, YouTube et les postes de télé. Des hélicoptères et des drones avaient été autorisés à survoler la ville et permettaient d'avoir des images vues du ciel de la catastrophe nucléaire en cours.

« Habille-toi, David. On se casse ! » s'écria Alex en me lançant un masque à gaz qu'Iris lui avait donné.

Miraculeusement, elle gardait toujours dans sa chambre quelques échantillons de certains des produits qu'elle vendait sur son site ; il n'y avait pas de combinaison étanche, mais nous avions de l'iode, des gants et trois masques à gaz.

« Virginie s'est sacrifiée », murmura Iris en regardant le corps, que nous avions déposé sur le canapé, sous une couverture de survie.

Nous étions sortis de l'immeuble et avions couru vers la voiture, qui était garée à une vingtaine de mètres de l'entrée principale. « Dépêchez-vous ! » hurla Alex après avoir donné le top départ. J'étais ahuri de voir ce que nous étions en train de vivre.

Les masques nous protégeaient le visage, et nous nous étions couverts de plusieurs couches de vêtements, mais la pollution que nous fuyions était sans doute la plus pernicieuse d'entre toutes : elle se collait à l'air, sur l'eau, et ce jour-là, il pleuvait abondamment.

Alex eut du mal à faire démarrer la voiture.

« Putain, la clé est coincée !

– La pète pas, pitié ! Prends ton temps ! s'écria Iris. Calme-toi.

– Attendez… Ah, putain de clé de merde ! Attendez… c'est bon ! »

Nous prîmes la route en direction de Ruffosses, qui nous permettait théoriquement de contourner le gros du trafic.

« Les gens vont tous prendre par la rocade. »

L'idée n'était pas mauvaise, mais à peine étions-nous arrivés à la sortie de Cherbourg que tout était déjà encombré.

« Attendez, je sais. On va couper par le sentier, ça devrait nous faire éviter la merde. »

Alex sortit de l'axe principal et se dirigea vers une propriété privée.

« T'es sûr qu'on peut faire ça ? s'inquiéta Iris.

– Évidemment que non, on s'en fout, la ville va être rayée de la carte. »

Le sentier était étroit et tout cabossé, j'avais l'impression que la caisse allait se retourner à tout instant. Nous passâmes à travers des branches et d'épais feuillages qui supprimaient toute visibilité. Iris hurlait.

Au bout de dix minutes, nous retrouvâmes la route de Valognes.

« Yes ! Regardez, une bonne partie du trafic est derrière nous. »

Nous passâmes près de Ruffosses, sans nous y arrêter. Lorsque nous arrivâmes au niveau de la rue où se trouvait la ferme, je tournai la tête sur le côté. Un groupe de jeunes étaient en train de défoncer la portière d'une voiture, pendant que d'autres sortaient d'une baraque avec des objets dans les mains.

Le pillage avait commencé.

Mars 2024. La catastrophe nucléaire fit moins de victimes que prévu, mais le président en exercice dut assumer sa part de responsabilité dans la propagation de la fuite. L'ASN avait parfaitement joué son rôle de régulateur, mais l'opérateur n'ayant pas transmis à temps l'ensemble des informations sur les risques, la mise à l'abri puis l'évacuation des habitants avaient été décidées trop tard.

La population, soutenue par une grande partie de la presse, avait réussi à pousser le ministre en charge à la démission, mais la colère continuait à gronder, et les familles de nombreuses victimes étaient régulièrement invitées sur les plateaux pour exprimer non seulement leur amertume, mais leur volonté d'aller plus loin, au-delà même des recours judiciaires. De fait, la responsabilité de l'État était gravement mise en cause, et plusieurs actions pouvaient conduire, par différents biais, à la mise en accusation personnelle de plusieurs responsables politiques.

Dans un tel contexte, l'ensemble de la classe dirigeante était tétanisé, car aucun parti, y compris les écologistes, n'avait envisagé un tel scénario. C'était de toute façon mal vu de surfer sur le malheur de milliers de personnes pour s'adonner à de la récupération politicienne. De fait, presque plus personne n'osait s'exprimer dans les médias, à l'exception des victimes et des proches des disparus.

Alex, Iris et moi-même avions quitté la zone à temps, et les radiations que nous avions subies n'avaient pas dépassé les seuils critiques qui auraient pu mettre notre santé en danger. Mais c'était loin d'être le cas de tous les Cherbourgeois ; Ahmed et sa famille avaient notamment été soumis à des radiations beaucoup plus fortes, car ils se trouvaient tout près de la centrale, lorsque la catastrophe avait eu lieu. Ses enfants, Paul et Laïka, avaient été pris de vomissements, et sa femme avait subi une brutale perte de connaissance. Les risques pathologiques à plus long terme n'étaient pas non plus exclus, en particulier le développement d'une leucémie.

Au-delà, c'est tout l'engagement de la France dans le nucléaire qui était remis en cause, et que l'on reprochait non seulement aux dirigeants en place, mais à tous ceux qui les avaient précédés, de gauche ou de droite. À de rares exceptions près, il était difficile de trouver des responsables politiques qui, sur la durée, se soient radicalement opposés à cette énergie. La tentation du « tous pourris » apparaissait très nettement dans l'opinion publique, surtout sur les réseaux sociaux où tout et n'importe quoi était reproché aux gouvernants, de façon parfois très malhonnête. Mais il fallait des coupables ; et la catastrophe était intervenue au pire moment possible : dans une situation sanitaire chaotique, où les épidémies se multipliaient et se conjuguaient à une crise économique et sociale jamais vue jusqu'alors. Les Français voulaient des têtes, et ils les voulaient vite.

C'est dans ce contexte qu'un outsider aux idées ultra émergea progressivement des profondeurs d'internet, après avoir lancé une chaîne YouTube aux accents semi-contestataires, semi-complotistes. Mais, contrairement à d'autres figures plus ostensiblement haineuses, le personnage qui se faisait appeler Arthur Veritas prenait soin de ne jamais tomber dans l'insulte directe – en apparence du moins, il ne se montrait ni violent, ni raciste, ni antisémite, ni même populiste. Il se contentait de sortir des chiffres et des courbes, dont la source n'était pas toujours indiquée, pour étayer des thèses relativement modérées. À ceci près que, mises bout à bout, elles formaient un ensemble particulièrement dur et fermé, qui empêchait au moins en théorie toute pensée contraire.

AV fonctionnait toujours sur le mode du syllogisme en employant un ton très professoral : « Tout gouvernement doit se comporter ainsi… Or nos responsables ont commis telle et telle chose… Nous devons donc les exclure… » La chose aurait pu paraître grotesque dans un contexte social normal, mais, compte tenu de l'état dans lequel se trouvait le pays, et sa ruine sur le plan budgétaire, tout discours aux airs suffisamment clairs et argumentés pouvait émerger. C'est pourquoi Arthur Veritas cumula, simplement quelques mois après la catastrophe, plusieurs dizaines de millions de vues sur YouTube. Un véritable phénomène émergeait, et au fur et à mesure que la popularité de l'homme augmentait, son discours se durcissait, comme s'il s'agissait de faire monter la pression par petites touches.

Iris, Alex et moi avions quitté la Normandie pour nous installer en Bretagne, non loin de la ville de Saint-Brieuc, dans une petite maison qui ressemblait à certains égards à celle de Ruffosses. Nous jouissions toutefois d'une plus grande proximité avec les commerces, et en début d'année, j'avais passé mon permis pour m'assurer une plus grande autonomie dans mes déplacements.

Alex avait souffert de sérieux problèmes psychiatriques à la suite de la catastrophe qui l'avait rendu orphelin. Son désespoir était d'autant plus grand qu'il n'avait toujours pas eu le droit de retourner à Cherbourg pour se recueillir auprès de ses parents, car la zone restait interdite d'accès. Il était suivi de près sur le plan médical et avait dû cesser toute activité professionnelle ou estudiantine. Nous avions failli le perdre, lui aussi.

Par prudence, nous n'avions pas voulu installer la télévision dans le salon, pour éviter d'avoir à subir sans cesse des allusions à ce que nous avions vécu. Il n'était pas encore temps de tourner la page, mais nous savions que le deuil, à tous points de vue, passait par une certaine prise de distance vis-à-vis des drames passés.

Pour nous tenir informés de la situation politique dans le pays, nous écoutions beaucoup la radio, qui restait presque tout le temps allumée lorsque nous étions à la maison. Nous sentions qu'il allait y avoir des évolutions, et pas de celles qui ne vous touchent qu'à la marge : des évolutions qui vous impactent dans toutes les activités du quotidien.

Mon inquiétude première, que partageait aussi Iris,

c'est qu'une majorité du peuple n'avait réellement plus rien à perdre : un nombre inimaginable de salariés avaient perdu leur emploi et n'avaient aucune possibilité d'en retrouver un bientôt ; les indépendants s'étaient suicidés par dizaines de milliers, condamnés à vendre leur outil de travail ou simplement étranglés par les prélèvements qui n'avaient fait que bondir ; les étudiants vagabondaient dans des filières aux débouchés de plus en plus rares qui menaient à des emplois de moins en moins stables ; même les retraités, dont la situation avait souvent été qualifiée de privilégiée au regard du reste de la population, avaient vu leur pension fortement diminuée pour contribuer à rembourser les montagnes de dette publique accumulée au fil des ans.

Il y avait bien quelques privilégiés, mais leur nombre avait eu tendance à se réduire comme peau de chagrin au fur et à mesure que les richesses se concentraient entre les mains de quelques happy few. Ils n'allaient pas pouvoir freiner quoi que ce soit.

Par-dessus tout, la classe politique traditionnelle donnait l'impression de s'autodétruire, il ne se passait plus un jour sans qu'un responsable de premier plan annonce qu'il se retirait « définitivement » de la vie publique. Une pratique qui voulait en réalité dire : « Je m'en vais ! Ne me faites pas de mal ! »

Arthur Veritas se trouvait plus ou moins dans la même situation que le peuple : il n'avait lui non plus rien à perdre. Venu de nulle part, il avait échoué scolairement puis professionnellement et, à cinquante ans passés, il avait tout misé sur son destin politique, appuyé par quelques investisseurs assez sulfureux. Il n'avait rien à prouver, rien à calculer, rien à expliquer : il arrivait comme l'homme providentiel, flanqué de quelques conseillers aux airs benêts, et n'avait même pas eu à effectuer de levée de fonds pour se financer, puisque tout se passait en ligne grâce aux réseaux sociaux. Alors son amateurisme n'apparaissait pas clairement à ceux qui écoutaient ses interminables vidéos et podcasts diffusés partout sur la toile.

Le président en place semblait être le dernier à essayer de tenir la baraque, mais la détestation dont il paraissait l'objet était telle que même ses interventions officielles, retransmises depuis l'Élysée, se voyaient toutes boycottées. « On n'a jamais vu ça de toute l'histoire de la télévision ! » s'écriaient certains présentateurs. On n'avait surtout jamais connu une situation pareille.

Dans le village, la plupart des habitants vouaient un culte à Arthur Veritas. « Enfin quelqu'un qui dit la vérité ! C'est même dans son nom, preuve qu'il ne peut pas nous jouer des tours, celui-là » ; « Quel homme merveilleux ! On sent toute la sincérité et surtout la générosité du personnage, je suis sûr qu'il est comme ça aussi dans la vraie vie » ; « C'est exactement ce que j'attendais, une personne simple, sans parti ni ambition autre que celle de restaurer la France. Tout le monde attend ça »…

La dernière élection présidentielle avait beau avoir eu lieu moins de deux ans auparavant, certains pensaient déjà à un retournement de situation : « S'il se positionne en recours, AV pourrait se présenter à un scrutin anticipé. » Je n'imaginais pas une telle configuration se produire, car même si la Ve République présentait de nombreuses failles, elle était faite pour assurer la stabilité au président, et ce, dans presque toutes les hypothèses. Sa mise en cause devant la Haute Cour pouvait difficilement intervenir, en pratique.

« C'est possible, David, c'est possible ! » me dit la boulangère, alors que je venais d'acheter deux douzaines de crêpes pour la semaine. Elle soutenait tellement AV qu'elle était allée jusqu'à coller des affiches à son effigie à l'entrée de sa boutique. Apparemment, cela ne gênait personne.

Iris elle-même avait tendance à vouloir la démission du président en exercice, « pour faire place nette ». Au-delà de la gestion calamiteuse de la catastrophe, elle trouvait que le pays avait effectivement besoin d'un profond renouveau et, pour ce faire, comme elle l'affirmait désormais sans sourciller : « Il faut un vrai chef. » Elle qui avait toujours été plus libérale que moi sur le plan politique, l'évolution récente de la situation du pays l'avait progressivement fait muter.

Il faut dire qu'Iris était au chômage depuis plusieurs mois, ce qui avait eu tendance à développer chez elle un certain discours anti-élite et pro-local : « Il faut éliminer tous ces bureaucrates de Paris, faire tomber les ministres et les chefs d'administration, y en a marre de ces incompétents. J'ai plus confiance dans mon maire que dans ces abrutis de politiciens. Qu'on fasse place nette, et après, on pourra essayer de reconstruire quelque chose. »

Alex n'était malheureusement plus en état de réaliser ce qui se passait et se jouait. Les médicaments qu'il prenait le laissaient une grande partie de la journée dans un état de semi-somnolence, et lorsque son médecin s'aventurait à diminuer les doses, ses épisodes dépressifs et même suicidaires reprenaient de plus belle. Alors il restait comme drogué dans sa chambre l'essentiel du temps, en attendant que son état s'améliore.

Après plusieurs allers-retours, mon ami Simon s'était définitivement installé en Suisse ; de là-bas, il contemplait le bourbier français avec un certain détachement. « J'aurais tout donné pour ce pays, c'est trop tard, maintenant », m'avait-il précisé, avant d'ajouter : « Rejoins-moi avant qu'il soit trop tard. »

Il n'était effectivement pas exclu que la France, avec un Arthur Veritas au pouvoir, sorte d'un cadre démocratique standard. Mais je ne me voyais pas abandonner Alex et Iris avec qui j'avais un destin à partager.

DU MÊME AUTEUR

Aux Éditions Albin Michel

RADICAL, 2020

Composition : IGS-CP
Impression : CPI Firmin-Didot en décembre 2021
Éditions Albin Michel
22, rue Huyghens, 75014 Paris
www.albin-michel.fr
ISBN : 978-2-226-46483-5
N° d'édition : 24584/01 – N° d'impression : 167744
Dépôt légal : février 2022
Imprimé en France